OTIMIZAÇÃO DE PROJETOS DE ENGENHARIA

Blucher

Reyolando M. L. R. F. Brasil

Marcelo Araujo da Silva

OTIMIZAÇÃO DE PROJETOS DE ENGENHARIA

Otimização de projetos de engenharia

© 2019 Reyolando M. L. R. F. Brasil e Marcelo Araujo da Silva

Editora Edgard Blücher Ltda.

1ª reimpressão - 2019

Imagem da capa: Marcelo Araujo da Silva

Blucher

Rua Pedroso Alvarenga, 1245, 4º andar

04531-934 – São Paulo – SP – Brasil

Tel.: 55 11 3078-5366

contato@blucher.com.br

www.blucher.com.br

Segundo o Novo Acordo Ortográfico, conforme 5. ed. do *Vocabulário Ortográfico da Língua Portuguesa*, Academia Brasileira de Letras, março de 2009.

É proibida a reprodução total ou parcial por quaisquer meios sem autorização escrita da editora.

Todos os direitos reservados pela Editora Edgard Blücher Ltda.

Dados Internacionais de Catalogação na Publicação (CIP)
Angélica Ilacqua CRB-8/7057

Brasil, Reyolando M.L.R.F.

Otimização de projetos de engenharia / Reyolando M.L.R.F. Brasil, Marcelo Araujo da Silva. – São Paulo : Blucher, 2019.

174 p. : il.

Bibliografia

ISBN 978-85-212-1355-0 (impresso)

ISBN 978-85-212-1356-7 (e-book)

1. Engenharia – Administração de projetos 2. Cálculo diferencial 3. Programação linear I. Título II. Silva, Marcelo Araujo da

18-1457   CDD 620

Índice para catálogo sistemático:

1. Engenharia

CONTEÚDO

1. IDEIAS FUNDAMENTAIS — **13**

   1.1   Introdução — 13

   1.2   Elementos de um problema de otimização — 14

   1.3   O problema padrão de otimização — 19

   1.4   Exemplos — 20

2. FERRAMENTAS MATEMÁTICAS — **23**

   2.1   Vetores e matrizes — 24

   2.2   Funções e suas derivadas — 24

   2.3   Expansão em série de Taylor — 26

   2.4   Formas quadráticas e matrizes definidas — 27

   2.5   Mínimos e máximos de funções — 28

   2.6   Exemplos — 34

   2.7   Funcionais e seus máximos e mínimos — 40

3. MÉTODO GRÁFICO — **43**

   3.1   Exemplos — 43

   3.4   Exemplo — 48

4. PROGRAMAÇÃO LINEAR 49

4.1 Método SIMPLEX 50

4.2 Exemplo 53

4.3 Programa em MATLAB 56

5. PROGRAMAÇÃO NÃO LINEAR: O MÉTODO DO LAGRANGIANO AUMENTADO 59

5.1 O método do lagrangiano aumentado para restrições estáticas 60

5.2 Problemas com restrições dinâmicas 62

5.3 Análise de sensibilidade com o método das diferenças finitas 64

5.4 Métodos computacionais e numéricos 65

5.5 Exemplo do uso do método em problemas estáticos – técnicas de otimização aplicadas a resultados experimentais no estudo da redução da rigidez flexional em estruturas de concreto armado 66

5.6 Exemplo do uso do método em problemas dinâmicos 74

5.7 Exemplo do uso do método em problemas dinâmicos – otimização de um isolador de vibração linear com dois graus de liberdade 79

5.8 Exemplo do uso do método em problemas dinâmicos – sistema de suspensão de veículo 85

6. A UTILIZAÇÃO DO MATLAB PARA A SOLUÇÃO DE PROBLEMAS DE OTIMIZAÇÃO 95

6.1 Funções de otimização do MATLAB 95

6.2 Exemplos de utilização das funções de otimização do MATLAB 97

7. A UTILIZAÇÃO DO SOLVER DO EXCEL PARA A SOLUÇÃO DE PROBLEMAS DE OTIMIZAÇÃO 105

7.1 Instalando o Excel Solver 106

7.2 A janela do Solver 106

7.3	Exemplo 1 – Utilização do Solver para o cálculo de autovalor de um problema de dinâmica das estruturas	107
7.4	Exemplo 2 – Utilização do Solver para a otimização da massa de uma torre de energia eólica (ROCHA; SILVA; BRASIL, 2016)	110
7.5	Exemplo 3 – O cálculo simultâneo do equilíbrio e da confiabilidade de seções de concreto armado utilizando técnicas de otimização (SILVA; BRASIL, 2016)	121

8. MÉTODOS DE OTIMIZAÇÃO INSPIRADOS NA NATUREZA — 139

8.1	Apresentação do problema para variáveis discretas	139
8.2	Algoritmo de evolução diferencial	140
8.3	Colônia de formigas	141
8.4	Nuvem de partículas	141
8.5	Algoritmos genéticos	142

ANEXO 1 – MÉTODOS NUMÉRICOS — 153

A1.1	Solução de sistemas lineares	154
A1.2	Métodos de integração numérica	155
A1.3	Interpolação polinomial	160
A1.4	Métodos de solução de sistema de equações diferenciais ordinárias de primeira e segunda ordem	163
A1.5	O segmento áureo	166
A1.6	Algoritmo de minimização sem restrições	169
A1.7	Método das diferenças finitas	170

REFERÊNCIAS — 171

PREFÁCIO

Em todos os ramos de atividade humana em que se pretenda concretizar um certo empreendimento, é necessário desenvolver um projeto. Este deverá definir com precisão o(s) objetivo(os) a ser(em) atingido(s), todas as variáveis que afetam esse resultado e os recursos disponíveis para sua realização.

É um fato da vida que recursos são sempre limitados e um projeto deve, em princípio, prever a melhor solução possível dentro dessas limitações. Esse processo se chama *otimização de projetos.*

Alguns poucos privilegiados têm a capacidade de vislumbrar a melhor solução por intuição, heuristicamente. A grande maioria dos mortais precisa de alguma ferramenta que os oriente entre as muitas possibilidades em geral existentes. Essa ferramenta é a matemática. Em particular, o cálculo diferencial, a técnica que trata da medição do efeito da variação de parâmetros sobre o valor de uma função. Uma de suas virtudes é possibilitar a determinação de valores dos parâmetros que maximizam ou minimizam uma função.

Este livro pretende apresentar aos estudantes e profissionais de um amplo campo de projetistas de empreendimentos algumas ferramentas que os auxiliem na otimização de seus projetos. Somos engenheiros e, por isso, muitos dos exemplos serão da engenharia, mas as técnicas disponibilizadas são comuns às várias áreas do conhecimento e pairam sobre as divisões disciplinares.

Colocamos aqui publicamente nosso débito de gratidão com algumas fontes de que emprestamos pesadamente neste texto, entre elas, os trabalhos de J. S. Arora.

Também agradecemos nossas famílias – esposas, filhos e netos – que, com muito amor e compreensão, tornaram possível a superação dos obstáculos que o dia a dia sempre traz, fazendo a vida mais doce.

Os autores

SOBRE A NOTAÇÃO

Tentou-se manter uma única notação para as diversas grandezas abordadas ao longo deste texto. Em alguns casos foram admitidas pequenas variações para coerência com normas, costumes de mercado e trabalhos originais de referência.

Em geral, neste texto, letras maiúsculas em negrito denotam matrizes, letras minúsculas em negrito denotam vetores e letras maiúsculas e minúsculas em itálico denotam grandezas escalares.

A letra T superescrita à direita de uma matriz indica sua transposta, isto é, permutação de linhas por colunas. Um expoente -1 à direita de uma matriz indica sua inversa.

Duas barras verticais à direita e à esquerda de uma matriz ou vetor denotam uma norma destes. No caso de um escalar, seu valor absoluto.

CAPÍTULO 1
Ideias fundamentais

1.1 INTRODUÇÃO

Otimização é o processo de se determinar entre várias opções de um objeto aquela que é a melhor possível dentro de certos critérios de escolha e limitações, com os recursos disponíveis. No projeto de um empreendimento, o tempo todo, procura-se o melhor desempenho nas suas diversas disciplinas: análise, projeto, fabricação, vendas, pesquisa, desenvolvimento etc. Essa é praticamente a definição de *projeto ótimo*.

O processo de projeto tradicional é baseado na análise de diversas soluções e na viabilidade de sua execução. Nesse processo não existe uma maneira formal de aprimorar um dado projeto e o projetista pode melhorá-lo baseado em sua intuição e experiência. Com uma determinada solução em mãos, uma decisão precisa ser tomada: aceitar o projeto como final ou refiná-lo. Observa-se então que esse método depende fortemente da intuição, experiência e habilidade do projetista.

Por outro lado, o processo de projeto ótimo é mais estruturado. Nessa abordagem, primeiramente as variáveis de projeto são identificadas. A função objetivo, aquela que mede o mérito relativo de uma solução, e as funções restrições de projeto, dadas pelas limitações existentes, devem ser definidas em função das variáveis de projeto. Uma vez definidas essas grandezas, um método de otimização apropriado pode ser utilizado para aperfeiçoar um projeto inicialmente estimado. O projetista ainda precisa adotar um projeto inicial, mas o aprimoramento do projeto agora não depende apenas de sua experiência, e sim de um algoritmo de otimização. Como resultado, o processo de projeto ótimo pode conduzir a soluções seguras e mais econômicas e, ainda, em um tempo relativamente curto, com a utilização de um processo computadorizado.

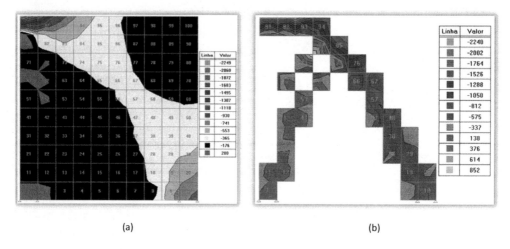

(a)   (b)

Figura 1.1 Exemplo de otimização de forma de chapa metálica submetida a carga concentrada.

Considere-se o exemplo mostrado na Figura 1.1, em que uma chapa metálica que está submetida a um carregamento específico (uma carga horizontal concentrada, aplicada em sua extremidade superior esquerda) apresenta a forma inicial quadrada, conforme mostrada na Figura 1.1(a). Nessa figura, também é mostrada a distribuição de tensões em kgf/cm^2 no projeto inicial. Após a aplicação de um método de otimização, desenvolvido pelos autores, o projeto final apresenta-se conforme mostrado na Figura 1.1(b). Observe que uma boa parte da massa da placa, onde as tensões eram baixas no caso (a), marcadas com cor preta, foi eliminada do domínio da placa no processo de otimização. Nesse caso o processo de otimização reduziu a massa da placa em mais de 50%, produzindo uma redução significativa na quantidade de material utilizado para a fabricação da placa.

Em termos matemáticos, a otimização trata de encontrar valores extremos (máximos ou mínimos) de uma função (a função objetivo) que depende de uma ou mais variáveis de projeto, sujeitas às restrições de igualdade ou de desigualdade. Trata-se de um campo de conhecimento e de pesquisa extremamente vasto, aplicado a todas as áreas das engenharias, das ciências em geral, da logística etc. Na administração de empresas ela é às vezes renomeada de pesquisa operacional.

1.2 ELEMENTOS DE UM PROBLEMA DE OTIMIZAÇÃO

1.2.1 VARIÁVEIS DE PROJETO

As variáveis de projeto são um grupo de funções em que cada uma expressa o valor (variável durante o processo de otimização) de um determinado parâmetro de um dado projeto. Cada variável de projeto é independente das demais, podendo assumir um determinado valor em um dado domínio contínuo, ou contínuo por partes, ou discreto. Uma viga de seção retangular, feita de certo material, destinada a vencer um certo vão e suportando certa carga, tem duas variáveis de projeto: a largura e a altura de sua seção. O vetor das variáveis de projeto será denotado aqui pelo vetor x. No caso em questão o vetor pode ser escrito como $\mathbf{x} = [b_w \ h\ ]^T$, como mostrado na Figura 1.2. O problema de otimização pode ser definido como encontrar valores adequados de b_w e h, tal que a viga suporte o carregamento sem ruptura, deslocamentos excessivos ou fissuras que prejudiquem seu desempenho a longo prazo.

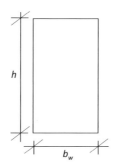

Figura 1.2 Viga de seção transversal retangular.

O projeto da lata de refrigerante cilíndrica da Figura 1.3, dado o volume desejado e a pressão de envase, tem três variáveis de projeto: seu diâmetro, sua altura e a espessura da chapa metálica. O vetor das variáveis de projeto neste caso é $\mathbf{x} = [D \ h \ e]^T$. Dependendo da formulação, outras variáveis de projeto podem ser adotadas, como espessuras diferentes para a lateral e_l, para o topo e_t, e para a base e_b. Com isso, ter-se-ia $\mathbf{x} = [D \ h \ e_l \ e_t \ e_b]^T$. Assim, existem diversas formulações para um mesmo problema.

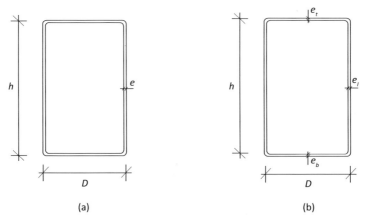

Figura 1.3 Seção de uma lata de refrigerante mostrando as variáveis de projeto.

As variáveis de projeto podem ser relacionadas com materiais, topologia, configuração, capacidade de componentes etc. Variáveis de projeto relacionadas com materiais são usadas na seleção do tipo de material adotado: aço, concreto, polímeros etc.

Elas são variáveis discretas que representam as propriedades físicas e mecânicas dos materiais. Variáveis topológicas são introduzidas se a forma ou o "*layout*" do sistema estão sendo otimizados. Variáveis de capacidade de componente podem ser desde a capacidade produtiva de determinados equipamentos utilizados em uma linha de produção até a resistência de determinados materiais. O tipo de perfil a ser adotado num projeto de estruturas metálicas pode ser considerado uma variável de configuração, ou até mesmo topológica.

A seleção das variáveis de projeto é um importante passo, visto que toda a formulação do problema depende de suas definições. Elas devem ser selecionadas de tal forma que o processo de cálculo seja implementável e o projeto final seja prático. O domínio viável para a solução de um determinado problema aumenta proporcionalmente ao aumento da quantidade das variáveis de projeto. Em outras palavras, o aumento das variáveis de projeto resulta, em geral, em um melhor projeto. Neste livro, como já citado, as variáveis de projeto serão representadas por um vetor x como

$$\mathbf{x} = [x_1 \quad x_2 \quad x_3 \dots x_n]^T$$

em que n é o número total de variáveis de projeto.

No caso de variáveis de projeto discretas, estas devem satisfazer a condição:

$$x_i \in \mathbf{x}_i \equiv \{x_{i1} \quad x_{i2} \quad \cdots \quad x_{iN_{Ei}}\}, i = 1, \dots, n$$

em que x_{i1}, x_{i2}, ..., x_{iNEi} são os N_{Ei} possíveis valores discretos que podem ser assumidos pela variável x_i. Por exemplo, um vergalhão de aço CA-50 pode ter os seguintes diâmetros: {6,3 8 10 12,5 16 20 25 32} mm. Assim também ocorre com a bitola de cabos elétricos que possuem dimensões predefinidas.

1.2.2 FUNÇÃO OBJETIVO OU FUNÇÃO CUSTO

A função objetivo, ou função custo, determina o mérito relativo de vários projetos para um determinado sistema. A seleção da função objetivo é uma importante tarefa, pois os projetos são melhorados a partir da minimização ou maximização de seu valor.

Tomando como exemplo estruturas civis, em grande parte dos problemas de otimização estrutural o peso da estrutura é escolhido como função objetivo. Esse fato é devido à grande facilidade de computação dessa grandeza e também porque seu valor está diretamente relacionado com o custo dos materiais empregados. Um uso mais eficiente dos materiais irá minimizar o custo de construção quando todos os outros fatores, como custo de fabricação, transporte, montagem e manutenção, permanecerem constantes. Em otimização estrutural, esses fatores geralmente não são constantes, mas sim funções das variáveis de projeto. Por exemplo, o custo de transporte de um determinado elemento estrutural pré-fabricado depende de seu peso e dimensões.

Existem outros custos por trás de um custo de construção que devem ser levados em conta nos processos de dimensionamento. Estes podem ser o tempo de construção, custos relacionados à ruína da estrutura, à eficiência da estrutura, entre outros. O custo relacionado com o tempo de construção pode ser facilmente computado, enquanto o custo de ruína pode ser, em alguns casos, de impossível determinação. A ruína de um sistema estrutural está intrinsecamente relacionada com a segurança adotada tanto no processo de dimensionamento quanto no processo de construção. O aparecimento de um estado-limite último ou de serviço na estrutura pode dever-se à combinação de vários fatores aleatórios entre si, originados nas causas seguintes: a) incertezas relativas aos valores considerados como resistências dos materiais utilizados, levando-se em conta não só as condições de execução e controle da obra, como também alguns parâmetros que repercutem sobre o estado-limite em questão (como carga de longa duração, fadiga etc.); b) erros cometidos quanto à geometria da estrutura e suas seções; c) avaliação inexata das ações diretas, indiretas ou excepcionais, devido à impossibilidade de defini-las, a princípio, com precisão absoluta, ao longo de toda a vida útil da estrutura; d) divergência entre os valores calculados e os valores reais das solicitações, diante das hipóteses simplificadoras usualmente adotadas no cálculo. Um bom objetivo a ser buscado no dimensionamento de uma estrutura é aquele de se conciliar um custo mínimo para ela, mantendo-se abaixo de um valor previamente estabelecido a probabilidade do aparecimento de um estado-limite. A finalidade da aplicação, nesse dimensionamento, dos princípios de teoria probabilística seria a da obtenção do custo ótimo da estrutura com a segurança apropriada. Este deveria levar em conta, entre os diversos fatores, considerações de ordem moral e psicológica (o que é impossível de se quantificar), bem como o valor da vida humana e a reação da opinião pública diante da ocorrência de algum acidente.

Antes de se tentar formular todos os fatores envolvidos num processo de dimensionamento, é importante saber se eles de fato têm influência sobre a solução. Não seria desejável considerar uma função objetivo geral demais, porque o resultado pode ser uma função objetivo plana que não seja sensível a mudanças nas variáveis de projeto e que não resulte numa melhoria do projeto inicialmente adotado. Uma vez que os fatores mais importantes na computação do custo são determinados, eles podem ser calculados em função das variáveis de projeto.

Às vezes é desejável minimizar ou maximizar várias funções objetivo simultaneamente. Isso é chamado otimização multicritérios ou otimização com objetivos múltiplos. Esse tipo de problema pode ser definido como: determinar um vetor variável de projeto que satisfaz as restrições e otimiza um vetor função cujas componentes são as diversas funções objetivo. As funções objetivo consideradas nesse tipo de problema estão geralmente em conflito umas com as outras. Como um exemplo, na otimização simultânea de uma estrutura com um sistema de controle de vibrações incorporado, tanto a minimização do custo da estrutura quanto a minimização das oscilações devem ser tratadas como funções objetivo. Nesse caso, vê-se claramente que a minimização do custo da estrutura implicaria diminuir as dimensões das seções dos elementos estruturais, o que acarretaria um aumento nos deslocamentos.

Uma função objetivo geral para um sistema dinâmico (variável no tempo) pode ser definida como:

$$f(\mathbf{x},T) = \overline{f}(\mathbf{x},T) + \int_0^T \tilde{f}(\mathbf{x},\mathbf{z},\dot{\mathbf{z}},\ddot{\mathbf{z}},t)dt, \tag{1.1}$$

onde z é o vetor das variáveis de estado como os deslocamentos, carga elétrica, temperatura, e T é o intervalo de tempo total considerado. É assumido que a função objetivo é contínua e diferenciável. As variáveis de estado são consideradas como funções contínuas do tempo e são determinadas pela integração das equações de estado do sistema. No caso da engenharia elétrica, uma equação de estado é dada, por exemplo, por associações de circuitos elétricos, enquanto na engenharia de estruturas é dada pela equação do movimento. A Equação (1.1) pode representar qualquer função custo. Por exemplo, $\overline{f}$ pode representar a massa da estrutura, ou a massa dos cabos elétricos, enquanto $\tilde{f}$ pode representar o deslocamento, ou ainda qualquer outra função envolvendo as variáveis de estado.

1.2.3 RESTRIÇÕES DE PROJETO

Para os problemas descritos e resolvidos neste livro, as restrições de projeto são divididas em dois grupos: restrições estáticas e restrições dinâmicas. Restrições dinâmicas são impostas ao longo de todo o intervalo de tempo $t \in [0,T]$ no qual o sistema é analisado. Limites para os valores assumidos pelas tensões, deslocamentos e acelerações são exemplos desse tipo de variáveis. Já as restrições estáticas independem do tempo e estão relacionadas a limites geométricos da estrutura e fundação, intervalos estabelecidos para as frequências naturais de vibração, deslocamentos estáticos, tensões estáticas sobre o solo, e limites para as variáveis de projeto. Limites para perdas de potencial, no caso de projetos elétricos, são restrições impostas.

Uma forma geral para representar as restrições estáticas é:

$$g_i = \overline{g}_i(\mathbf{x},T) + \int_0^T \tilde{g}_i(\mathbf{x},\mathbf{z},\dot{\mathbf{z}},\ddot{\mathbf{z}},t)dt \begin{cases} = 0 \text{ para } i = 1,...,l \\ \leq 0 \text{ para } i = l+1,...,m \end{cases}. \tag{1.2}$$

E uma forma geral para as restrições dinâmicas é:

$$g_i = \tilde{g}_i(\mathbf{x},\mathbf{z},\dot{\mathbf{z}},\ddot{\mathbf{z}},t) \begin{cases} = 0 \text{ para } i = m+1,...,l' \\ \leq 0 \text{ para } i = l'+1,...,m \end{cases}, \text{ para } t \in [0,T]. \tag{1.3}$$

Ideias fundamentais

1.3 O PROBLEMA PADRÃO DE OTIMIZAÇÃO

De uma maneira geral, um processo de otimização pode ser descrito conforme o fluxograma mostrado Figura 1.4.

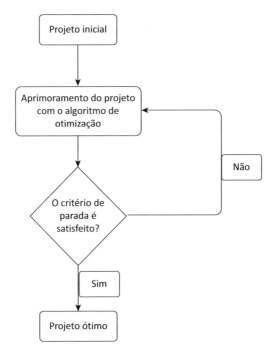

Figura 1.4 Fluxograma genérico de um processo de otimização.

Observe-se, na Figura 1.4, que o processo de otimização clássico parte de um projeto inicial, ou de um grupo de projetos iniciais, que é aprimorado de acordo com um determinado método de otimização.

Um problema geral de otimização pode ser formulado na forma padrão que segue.

Seja um problema definido pelos valores de um vetor de *n* **variáveis de projeto**

$$\mathbf{x} = \begin{bmatrix} x_1 & x_2 & \cdots & x_n \end{bmatrix}^T. \tag{1.4}$$

Minimizar uma **função objetivo** $f(\mathbf{x})$, sujeita a **restrições de igualdade**

$$h_j(\mathbf{x}) = 0, \qquad j = 1, \cdots, p \tag{1.5}$$

e **restrições de desigualdade**

$$g_i(\mathbf{x}) \leq 0, \qquad i = 1, \cdots, m. \tag{1.6}$$

As funções *f*, *g* e *h* podem ser, no geral, não lineares.

Se for desejado encontrar o máximo de uma função $f(x)$, em vez do mínimo, basta determinar o mínimo dessa função com sinal trocado, $F(x) = -f(x)$.

Para os problemas de baixa dimensão, o problema pode ser resolvido pela simples inspeção de gráficos das funções *f*, *g* e *h*, conforme o Capítulo 3.

1.4 EXEMPLOS

E1. Apresenta-se um exemplo de pesquisa operacional baseado em (ARORA, 2012), a maximização de lucro de uma empresa que fabrica dois tipos de aeronaves, A e B. Usando os recursos disponíveis, ou 28 aeronaves A ou 14 aeronaves B podem ser produzidas por mês. O departamento de vendas pode vender 14 aeronaves A ou 24 aeronaves B. O departamento de expedição (entrega) não pode entregar mais que 16 aeronaves por mês. A empresa lucra 400 mil dólares por aeronave A e 600 mil dólares por aeronave B. Quantas aeronaves de cada tipo dão o máximo lucro?

Variáveis de projeto:

x_1 = número de aeronaves A; x_2 = número de aeronaves B

Função objetivo (lucro), a ser maximizada: $F(\mathbf{x}) = 400x_1 + 600x_2$

Restrições (de desigualdade):

$x_1 + x_2 \leq 16 \quad \Rightarrow \quad g_1(\mathbf{x}) = x_1 + x_2 - 16 \leq 0$ (expedição)

$x_1/28 + x_2/14 \leq 1 \quad \Rightarrow \quad g_2(\mathbf{x}) = x_1/28 + x_2/14 - 1 \leq 0$ (produção)

$x_1/14 + x_2/24 \leq 1 \quad \Rightarrow \quad g_3(\mathbf{x}) = x_1/14 + x_2/24 - 1 \leq 0$ (vendas)

E2. Considere a viga prismática engastada e em balanço mostrada na Figura 1.5.

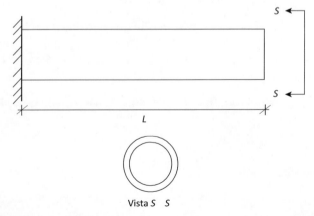

Figura 1.5 Viga engastada e em balanço.

Ideias fundamentais **21**

A seção transversal é em anel circular. O diâmetro externo da seção é D e a espessura da parede e. A rigidez da viga é $k = 3EI / L^3$, onde E é o módulo de elasticidade longitudinal da peça, I o momento de inércia e L o comprimento da viga. A massa devida ao peso próprio da viga concentrada na extremidade livre é M. Uma boa aproximação para M é igual a ¼ da massa total da viga, calculada pelo produto do volume pela massa específica ρ. A primeira frequência de vibração natural da viga é

$$f_1 = \frac{1}{2\pi} \sqrt{\frac{k}{M}}. \tag{1.7}$$

Um problema de otimização clássico é minimizar a massa da viga impondo que a primeira frequência de vibração seja superior a um determinado valor mínimo. Definem-se as variáveis de projeto como sendo:

$x_1 = D$ (diâmetro externo da seção transversal), $x_2 = e$ (espessura da parede da seção transversal)

Função objetivo (massa) a ser minimizada: $f(\mathbf{x}) = \rho \frac{\pi}{4} \left[x_1^2 - (x_1 - 2x_2)^2 \right] L$

Restrições (de desigualdade):

$f_1 \geq f_{min}$ (valor mínimo da primeira frequência natural de vibração)

$D_{min} \leq x_1 \leq D_{max}$ (limites inferior e superior do diâmetro externo)

$e_{min} \leq x_2 \leq \dfrac{x_1}{2}$ (limites inferior e superior da espessura)

Este tipo de problema é bastante comum em torres de telecomunicação, nos quais é desejável que se tenha um valor de f_{min} de 1 Hz, ou em torres de energia eólica onde o f_{min} é da ordem de 0,5 Hz. Num problema real, outras condições devem ser consideradas, como os carregamentos aplicados, a resistência dos materiais utilizados, limites para os deslocamentos estáticos e dinâmicos, fadiga etc.

CAPÍTULO 2
Ferramentas matemáticas

Na maioria dos projetos não é direta a determinação de sua melhor solução. Alguns poucos privilegiados têm a capacidade de vislumbrar a melhor solução por intuição, heuristicamente. A grande maioria dos projetistas precisa de alguma ferramenta que os oriente entre as muitas possibilidades em geral existentes. Essa ferramenta é a matemática. Em particular, o cálculo diferencial, a técnica que trata da medição do efeito da variação de parâmetros sobre o valor de uma função. Uma de suas virtudes é possibilitar a determinação de valores dos parâmetros que maximizam ou minimizam uma função. O cálculo variacional também é bastante utilizado, principalmente em problemas dinâmicos e também nos métodos energéticos.

O cálculo diferencial foi o grande legado de dois dos maiores gênios que a humanidade produziu em todos os tempos, os contemporâneos Newton e Leibniz. Quanto ao cálculo variacional, podem-se distinguir as grandes contribuições de Lagrange e Hamilton.

Este capítulo trata especialmente dos conceitos matemáticos envolvidos nos processos de otimização. Aqueles que não tiveram sua educação descuidada na matemática podem, se quiserem, pular este capítulo e ir em frente, voltando a ele apenas quando tiverem dúvida em alguma ferramenta matemática

2.1 VETORES E MATRIZES

Um vetor x, ou um **ponto** no espaço afim, é, de modo simplista, um conjunto ordenado de n valores x_i ($i = 1,...,n$), geralmente representados em uma única coluna, que exprimem o estado de um sistema. Assim, a posição de um ponto no espaço tridimensional em que vivemos pode ser expressa sem nenhuma ambiguidade por três coordenadas,

$$\mathbf{x} = \begin{Bmatrix} x_1 \\ x_2 \\ x_3 \end{Bmatrix} \tag{2.1}$$

Se essas coordenadas variarem no tempo, isto é, se a partícula está em movimento, essas coordenadas são funções do tempo, não constantes e exprimem uma **trajetória** nesse espaço. Nesse caso, é comum se referir ao vetor como um **campo**.

Neste texto, vetores serão representados por letras latinas minúsculas em negrito.

O produto escalar de dois vetores é definido como

$$\left(\mathbf{x} \bullet \mathbf{y}\right) = \mathbf{x}^{\mathrm{T}}\mathbf{y} = \sum_{i=1}^{n} x_i y_i \tag{2.2}$$

Na chamada convecção de Einstein, a repetição de índices em um monômio implica somatória para todos os valores desse índice. Assim, Equação (2.2) é, simplesmente,

$$\left(\mathbf{x} \bullet \mathbf{y}\right) = x_i y_i \tag{2.3}$$

A norma ou comprimento de um vetor é dado por

$$\|\mathbf{x}\| = \sqrt{x_i x_i} = \sqrt{\mathbf{x} \bullet \mathbf{x}} \tag{2.4}$$

Uma matriz é um conjunto ordenado de valores com um certo número n de linhas e m de colunas, e é representada por letras latinas maiúsculas em negrito.

2.2 FUNÇÕES E SUAS DERIVADAS

2.2.1 FUNÇÕES DE UMA VARIÁVEL

Uma função de uma variável $f = f(x)$ é um procedimento que transforma o valor da variável x em um outro número f.

Em uma função de uma única variável, sem restrições, a determinação de máximos e mínimos é um problema clássico do cálculo diferencial, e os leitores são remetidos aos textos dessa disciplina. Note-se que a função deve ser necessariamente não linear, uma vez que a busca de máximos e mínimos de uma função linear, sem restrições, não tem sentido.

Ferramentas matemáticas

2.2.2 FUNÇÕES DE VÁRIAS VARIÁVEIS E FUNÇÕES VETORIAIS

Uma função $f = f(\mathbf{x})$, ou

$$f(\mathbf{x}) = f(x_1, x_2, \cdots, x_n),\tag{2.5}$$

é um procedimento que transforma os valores de um vetor ou ponto $\mathbf{x}$ em um número f.

Da mesma forma, pode-se ter um vetor de m funções de n variáveis, na forma

$$\mathbf{g}(\mathbf{x}) = \begin{Bmatrix} g_1(\mathbf{x}) \\ g_2(\mathbf{x}) \\ \vdots \\ g_m(\mathbf{x}) \end{Bmatrix} \quad \text{em que} \quad g_j(\mathbf{x}) = g_i(x_1, x_2, \cdots, x_n), \quad j = 1, \cdots, m \tag{2.6}$$

Na pesquisa de máximos e mínimos de funções desses tipos surge a necessidade do cálculo de derivadas parciais. As derivadas parciais de primeira ordem de (2.5) são

$$\frac{\partial f(\mathbf{x})}{\partial x_i}, \, i = 1, \cdots, n \tag{2.7}$$

que podem ser arranjadas em um vetor coluna chamado **vetor gradiente** da função:

$$\mathbf{c}(\mathbf{x}) = \vec{\nabla} f(\mathbf{x}) = \frac{\partial f(\mathbf{x})}{\partial \mathbf{x}} = \begin{Bmatrix} \dfrac{\partial f(\mathbf{x})}{\partial x_1} \\[2mm] \dfrac{\partial f(\mathbf{x})}{\partial x_2} \\ \vdots \\ \dfrac{\partial f(\mathbf{x})}{\partial x_n} \end{Bmatrix} \tag{2.8}$$

em que foi utilizado o operador $\vec{\nabla}$, **nabla**.

Cada componente de (2.8) pode ser novamente diferenciado com respeito a uma variável para obter as derivadas parciais de segunda ordem

$$\frac{\partial^2 f(\mathbf{x})}{\partial x_i \partial x_j}; \, i, j = 1, \cdots, n \tag{2.9}$$

A Equação (2.9) pode ser arranjada em uma matriz n^2, denominada matriz Hessiana:

$$\mathbf{H}(\mathbf{x}) = \vec{\nabla}\vec{\nabla}^T f(\mathbf{x}) = \begin{bmatrix} \dfrac{\partial^2 f(\mathbf{x})}{\partial x_1 \partial x_1} & \dfrac{\partial^2 f(\mathbf{x})}{\partial x_1 \partial x_2} & \cdots & \dfrac{\partial^2 f(\mathbf{x})}{\partial x_1 \partial x_n} \\[2ex] \dfrac{\partial^2 f(\mathbf{x})}{\partial x_2 \partial x_1} & \dfrac{\partial^2 f(\mathbf{x})}{\partial x_2 \partial x_2} & \cdots & \dfrac{\partial^2 f(\mathbf{x})}{\partial x_2 \partial x_n} \\[2ex] \vdots & \vdots & & \vdots \\[2ex] \dfrac{\partial^2 f(\mathbf{x})}{\partial x_n \partial x_1} & \dfrac{\partial^2 f(\mathbf{x})}{\partial x_n \partial x_2} & \cdots & \dfrac{\partial^2 f(\mathbf{x})}{\partial x_n \partial x_n} \end{bmatrix}. \tag{2.10}$$

Há casos em que se necessita diferenciar um vetor de m funções de n variáveis como (2.6), com relação às próprias variáveis. Tem-se, nesse caso, a chamada matriz Jacobiana:

$$\mathbf{J}(\mathbf{x}) = \vec{\nabla}\mathbf{g}(\mathbf{x})^T = \begin{bmatrix} \dfrac{\partial g_1(\mathbf{x})}{\partial x_1} & \dfrac{\partial g_1(\mathbf{x})}{\partial x_2} & \cdots & \dfrac{\partial g_1(\mathbf{x})}{\partial x_n} \\[2ex] \dfrac{\partial g_2(\mathbf{x})}{\partial x_1} & \dfrac{\partial g_2(\mathbf{x})}{\partial x_2} & \cdots & \dfrac{\partial g_2(\mathbf{x})}{\partial x_n} \\[2ex] \vdots & \vdots & & \vdots \\[2ex] \dfrac{\partial g_m(\mathbf{x})}{\partial x_1} & \dfrac{\partial g_m(\mathbf{x})}{\partial x_2} & \cdots & \dfrac{\partial g_m(\mathbf{x})}{\partial x_n} \end{bmatrix} \tag{2.11}$$

Note-se que a matriz Jacobiana tem dimensões m x n, ou seja, ela não é necessariamente quadrada!

2.3 EXPANSÃO EM SÉRIE DE TAYLOR

Uma ferramenta básica deste livro são as séries de Taylor, cujo nome vem do matemático britânico Brook Taylor (1685-1731). No caso de uma única função (escalar) de uma única variável, $f(x)$, conhecido seu valor e de suas derivadas num certo ponto a, pode-se aproximar o valor da função em um outro ponto próximo x, definida a "distância" $h = x - a$, pela expansão em série:

$$f(x) = \frac{1}{0!}h^0 f(a) + \frac{1}{1!}h^1 f'(a) + \frac{1}{2!}h^2 f''(a) + \frac{1}{3!}h^3 f'''(a) + \cdots \tag{2.12}$$

onde as linhas à direita e acima denotam derivas sucessivas em x, calculadas no ponto a.

Já no caso de uma única função (escalar) de várias variáveis (um vetor de n variáveis) $f(\mathbf{x})$, conhecido seu valor num ponto $\mathbf{a}$ (n x 1), pode-se aproximar o valor da função em um outro ponto próximo $\mathbf{x}$ (n x 1), tendo-se o "vetor distância" $\mathbf{h} = \mathbf{x} - \mathbf{a}$ (n x 1), pela expansão em série:

$$f(\mathbf{x}) = f(\mathbf{a}) + \mathbf{c}(\mathbf{a})^T \mathbf{h} + \frac{1}{2!}\mathbf{h}^T \mathbf{H}(\mathbf{a})\mathbf{h} + \cdots \tag{2.13}$$

onde se utiliza a transposta do *vetor gradiente* da Equação (2.8) e a matriz Hessiana (n x n), da Equação (2.10).

Finalmente, no caso de um vetor de n funções de várias variáveis (um vetor de n variáveis) $\mathbf{f}(\mathbf{x})$, (n x 1), conhecido seu valor num ponto a (n x 1), pode-se aproximar o valor dessas funções em um outro ponto próximo $\mathbf{x}$ (n x 1), dado o "vetor distância" $\mathbf{h} = \mathbf{x} - \mathbf{a}$ (n x 1), pela expansão em série:

$$\mathbf{f}(\mathbf{x}) = \mathbf{f}(\mathbf{a}) + \mathbf{J}(\mathbf{a})\mathbf{h} + \cdots \tag{2.14}$$

onde se utiliza a matriz Jacobiana da Equação (2.11), (n x n neste caso).

A título de informação, quando se faz uma expansão em torno da origem, isto é, $a = 0$, a série de Taylor passa a ser denominada série de MacLaurin, nome que vem do escocês Colin MacLaurin (1698-1746).

2.4 FORMAS QUADRÁTICAS E MATRIZES DEFINIDAS

Uma forma quadrática é uma forma especial de função não linear com somente termos de segunda ordem, na forma geral

$$F(\mathbf{x}) = \sum_{i=1}^{n} \sum_{j=1}^{n} p_{ij} x_i x_j = \mathbf{x}^T \mathbf{P} \mathbf{x} \tag{2.15}$$

em que $\mathbf{P}$ é a matriz da forma quadrática. Tais matrizes são infinitas, todas assimétricas, menos uma simétrica dada por

$$\mathbf{A} = \frac{1}{2}\left(\mathbf{P} + \mathbf{P}^T\right) \tag{2.16}$$

Como $\mathbf{A}$ é simétrica, sabe-se, da álgebra linear, que todos os seus autovalores λ_i são reais.

Uma forma quadrática $F(\mathbf{x}) = \mathbf{x}^T \mathbf{A} \mathbf{x}$ pode ser positiva, negativa ou zero para qualquer $\mathbf{x}$, e sua matriz é dita positiva definida, positiva semidefinida, negativa definida, negativa semidefinida ou indefinida, como se segue.

1. Positiva definida: $F(\mathbf{x}) > 0$ para todo $\mathbf{x} \neq 0$; $\lambda_i > 0$.

2. Positiva semidefinida: $F(\mathbf{x}) \geq 0$ para todo $\mathbf{x} \neq 0$; $\lambda_i \geq 0$ (pelo menos um valor nulo).

3. Negativo definida: $F(\mathbf{x}) < 0$ para todo $\mathbf{x} \neq 0$; $\lambda_i < 0$.

4. Negativo semidefinida: $F(\mathbf{x}) \le 0$ para todo $\mathbf{x} \ne 0$; $\lambda_i \le 0$ (pelo menos um valor nulo).

5. Indefinida: se a forma for positiva para alguns valores de $\mathbf{x}$ e negativa para outros; $\lambda_i > 0$, para alguns valores de $\mathbf{x}$ e $\lambda_i < 0$ para outros.

2.5 MÍNIMOS E MÁXIMOS DE FUNÇÕES

2.5.1 OTIMIZAÇÃO SEM RESTRIÇÕES

Considere-se o problema de minimizar uma função $f(\mathbf{x})$, $\mathbf{x} \in \mathbf{R}^n$. O problema pode ser colocado na forma

$$\text{Minimizar} \quad f(\mathbf{x}) \tag{2.17}$$
$$\mathbf{x} \in \mathbf{R}^n.$$

Admite-se que a função $f(\mathbf{x}) \in C_2$. A função $f(\mathbf{x})$ é denominada função objetivo.

Nesta seção, serão estabelecidas condições que devem ser satisfeitas por um ponto para que seja um mínimo local do problema (2.40). Também serão descritas as propriedades de convexidade da função objetivo que asseguram que o ponto encontrado seja um ponto de mínimo global.

Para que um ponto $\mathbf{x}^*$ seja um ponto de mínimo local do problema (2.40) é suficiente que o gradiente da função objetivo em $\mathbf{x}^*$ seja nulo, ou seja, $\nabla f(\mathbf{x}^*) = \mathbf{0}$, e que a matriz Hessiana $\nabla^2 f(\mathbf{x}^*)$ seja definida positiva, isto é,

$$\left\langle \mathbf{d}, \nabla^2 f(\mathbf{x}^*)\mathbf{d} \right\rangle > 0 \quad \forall \mathbf{d} \ne 0.$$

Seja $f(\mathbf{x})$ uma função convexa definida em $\mathbf{R}^n$ e seja Ω o conjunto dos pontos $\mathbf{x} \in \mathbf{R}^n$ onde $f(\mathbf{x})$ atinge seu mínimo. Então Ω é convexo e todo mínimo local é um ponto de mínimo global.

Seja $f(\mathbf{x}) \in C_1$ uma função convexa. Se existir um $\mathbf{x}^* \in \mathbf{R}^n$ tal que, para todo $\mathbf{y} \in \mathbf{R}^n$,

$$\left\langle \nabla f(\mathbf{x}^*), (\mathbf{y} - \mathbf{x}^*) \right\rangle \ge 0$$

então $\mathbf{x}^*$ é um ponto de mínimo global de $f(\mathbf{x})$.

Exemplo com uma variável de projeto: um recipiente cilíndrico de volume fixo V para um fluido, feito de chapa metálica de espessura fixa, tem raio R e altura H, as variáveis de projeto. O consumo de chapa metálica, em área, a função objetivo, ou custo, é

$$A = \pi(R^2 + RH)$$

com a restrição do volume fixo

Ferramentas matemáticas

$$V = \pi R^2 H.$$

Essas duas equações podem ser unidas numa função objetivo equivalente em uma única variável, R:

$$f = R^2 + \frac{V}{\pi R}$$

A condição necessária de ótimo, de primeira ordem, é:

$$f' = 2R - \frac{V}{\pi R^2} = 0$$

correspondendo aos valores das variáveis

$$R^\star = \sqrt[3]{\frac{V}{2\pi}} \quad e \quad H^\star = \sqrt[3]{\frac{4V}{\pi}}$$

os candidatos a ponto de mínimo. A verificação pela condição suficiente é dada pela curvatura

$$f'' = 2 + \frac{2V}{\pi R^3} = 6$$

que é positiva, indicando ponto de mínimo.

2.5.2 OTIMIZAÇÃO COM RESTRIÇÕES

Considere-se o problema geral de otimização da forma

Minimizar $f(\mathbf{x})$, $\mathbf{x} \in \mathbf{R}^n$,

$$\text{sujeito a} \qquad \begin{aligned} g_i(\mathbf{x}) &= 0, \quad i \in E \\ g_i(\mathbf{x}) &\leq 0, \quad i \in I \end{aligned} \qquad (2.18)$$

onde a função $f(\mathbf{x})$ é denominada função objetivo e as funções $g_i(\mathbf{x})$, $i = 1,...,m$ são denominadas restrições. E é o conjunto dos índices das restrições de igualdade e I é o conjunto dos índices das restrições de desigualdade. A solução de (2.41) é denominada de solução ou ponto ótimo e será denotada por $\mathbf{x}^\star$.

Quando um ponto $\mathbf{x} \in \mathbf{R}^n$ satisfaz todas as restrições, diz-se que ele é viável, e o conjunto de todos os pontos viáveis é denominado de região viável Γ.

Admite-se que as funções $f(\mathbf{x})$ e $g_i(\mathbf{x}) \in C_2[\mathbf{R}^n]$.

As restrições $\{g_i(\mathbf{x}), i \in I \mid g_i(\mathbf{x}) = 0\}$ são denominadas **restrições ativas** em **x**. Indicar-se-á por I^* o conjunto dos índices referentes às restrições ativas em x.

As restrições $\{g_i(\mathbf{x}) \mid \|g_i(\mathbf{x})\| \le \varepsilon\}$ são denominadas **restrições ε-ativas** em **x**.

Diz-se que um ponto $\mathbf{x}_v$, que satisfaz as restrições $g_i(\mathbf{x})$, $i \in E \cup I^*$, é um ponto regular se os vetores gradientes $\{\nabla g_i(\mathbf{x}_v), i \in E \cup I^*\}$ forem linearmente independentes.

Denomina-se a função Lagrangiana a função definida por:

$$L(\mathbf{x}, \mathbf{u}) = f(\mathbf{x}) + \sum_{i=1}^{m} u_i g_i(\mathbf{x}), \tag{2.19}$$

onde $u_i \in \mathbf{R}$, $i = 1,\dots, m$ são os multiplicadores de Lagrange.

Indica-se por $\nabla L(\mathbf{x}, \mathbf{u}) = \begin{bmatrix} \nabla_x L(\mathbf{x}, \mathbf{u}) \\ \nabla_u L(\mathbf{x}, \mathbf{u}) \end{bmatrix}$ o vetor gradiente de $L(\mathbf{x}, \mathbf{u})$, onde ∇_x indica as derivadas parciais em relação à x_i, $i = 1, \dots, n$, e ∇_u indica as derivadas em relação à u_j, $j = 1, \dots, m$.

O vetor gradiente da função Lagrangiana em relação a **x** em $(\mathbf{x}^*, \mathbf{u}^*) \in \mathbf{R}^{n+m}$ é dado por:

$$\nabla_x L(\mathbf{x}^*, \mathbf{u}^*) = \nabla f(\mathbf{x}^*) + \sum_{i=1}^{m} u_i * \nabla g_i(\mathbf{x}^*),$$

onde $\mathbf{u}^*$ é o vetor dos multiplicadores de Lagrange no ponto ótimo.

Analogamente ao vetor gradiente, a matriz Hessiana da função Lagrangiana em relação a **x** no ponto $(\mathbf{x}^*, \mathbf{u}^*) \in \mathbf{R}^{n+m}$ é dada por:

$$\nabla_x^2 L(\mathbf{x}^*, \mathbf{u}^*) = \nabla^2 f(\mathbf{x}^*) + \sum_{i=1}^{m} u_i \nabla^2 g_i(\mathbf{x}^*).$$

Exemplo com duas variáveis de projeto: um recipiente cilíndrico de volume fixo V para um fluido, feito de chapa metálica de espessura constante, tem raio R e altura H, as variáveis de projeto. O consumo de chapa metálica, em área, a função objetivo, ou custo, é

$$A = \pi(R^2 + RH)$$

com a restrição do volume fixo

$$h = \pi R^2 H - V = 0.$$

O lagrangiano é

$$L = \pi(R^2 + RH) + u(\pi R^2 H - V), \text{ sendo } u \text{ o multiplicador de Lagrange.}$$

Impondo que seja estacionário:

$$\frac{\partial L}{\partial R} = 2R + H + 2\pi v R H$$

$$\frac{\partial L}{\partial H} = R + \pi v R^2$$

$$\frac{\partial L}{\partial u} = \pi R^2 H - V = 0$$

chega-se às soluções do problema

$$R^* = \sqrt[3]{\frac{V}{2\pi}}; \quad H^* = \sqrt[3]{\frac{4V}{\pi}}; \quad u^* = -\frac{1}{\pi R} = \sqrt[3]{\frac{2}{\pi^2 V}}$$

2.5.3 CONDIÇÕES DE KARUSH-KUHN-TUCKER (KKT)

Seja $\mathbf{x}^*$ um ponto de mínimo local do problema (2.42). Se $\mathbf{x}^*$ é um ponto regular, então existem multiplicadores de Lagrange $\mathbf{u}^* = \left[u_1{}^*, u_2{}^*, ..., u_m{}^* \right]^T$, de tal forma que $\mathbf{x}^*$ e $\mathbf{u}^*$ satisfazem o seguinte sistema de equações:

$$\nabla f(\mathbf{x}^*) + \sum_{i=1}^{m} u_i{}^* \nabla g_i(\mathbf{x}^*) = \mathbf{0}$$

$$g_i(\mathbf{x}^*) = 0, \qquad i \in E$$

$$g_i(\mathbf{x}^*) \leq 0, \qquad i \in I \qquad\qquad (2.20)$$

$$u_i{}^* > 0, \qquad i \in I$$

$$u_i{}^* g_i(\mathbf{x}^*) = 0. \qquad \forall i$$

As equações acima são denominadas Condições de Karush-Kuhn-Tucker.

Para que o ponto $\mathbf{x}^*$ seja um ponto de mínimo local do problema (2.42) é necessário que seja um ponto regular, que satisfaça as condições de Karush-Kuhn-Tucker e ainda que

$$\left\langle \mathbf{d}^T, \nabla_x^2 L(\mathbf{x}^*, \mathbf{u}^*) \mathbf{d} \right\rangle \geq 0 \quad \forall \mathbf{d} \in G^*. \qquad\qquad (2.21)$$

onde G^* é dado por:

$$G^* = \{\mathbf{d} \,/\, \mathbf{d} \neq \mathbf{0}, \, \mathbf{d}^T \nabla g_i(\mathbf{x}^*) = 0, \, i \in (E \cup I^*) \,/\, u_i{}^* > 0$$
$$\text{e} \;\; \mathbf{d}^T \nabla g_i(x^*) \leq 0, \, i \in I^* \,/\, u_i{}^* = 0\} \qquad\qquad (2.22)$$

Considere-se o problema:

$$\text{minimizar} \quad f(\mathbf{x})$$

sujeito às restrições

$$g_i(\mathbf{x}) \le 0, \quad i = 1,..l$$

$$g_i(\mathbf{x}) = 0, \quad i = l+1,...,m$$

$$\mathbf{x} \in \mathbf{R}^n.$$

Se a função objetivo e as restrições forem convexas, o problema é dito de programação convexa. Para problema de programação convexa valem os seguintes resultados:

- Toda solução $\mathbf{x}^*$ de um problema de programação convexa é uma solução global e o conjunto das soluções globais S é um conjunto convexo.

- Se no problema de programação convexa a função objetivo for estritamente convexa em $\mathbf{R}^n$, então toda solução global é única.

- Se num problema de programação convexa as funções $f(\mathbf{x})$ e $g_i(\mathbf{x})$ são contínuas com derivadas parciais contínuas até primeira ordem, e se as condições de Karush-Kuhn-Tucker estão satisfeitas em $\mathbf{x}^*$, então o ponto $\mathbf{x}^*$ é uma solução global do problema de programação convexa.

2.5.4 PROBLEMAS COM RESTRIÇÕES GERAIS UTILIZANDO VARIÁVEIS DE FOLGA

Considere-se o problema geral de otimização de várias variáveis $\mathbf{x}$, com função objetivo $f(\mathbf{x})$, sujeito a p restrições de igualdade $h(\mathbf{x})_j = 0, j = 1$ a p, e m restrições de desigualdade $g_i(\mathbf{x}) \le 0, i = 1$ a m, que podem ser escritas na forma de um vetor

$$\mathbf{g}(\mathbf{x}) = \begin{bmatrix} g_1(\mathbf{x}) & g_2(\mathbf{x}) & \cdots & g_m(\mathbf{x}) \end{bmatrix}^T \tag{2.23}$$

Essas últimas podem ser transformadas em restrições de igualdade pela adição de *slack variables* (variáveis de folga) s_i, tais que

$$g_i(\mathbf{x}) + s_i^2 = 0 \tag{2.24}$$

que constituem o vetor

$$\mathbf{s} = \begin{bmatrix} s_1 & s_2 & \cdots & s_m \end{bmatrix}^T \tag{2.25}$$

Para essas novas relações de igualdade são adotados multiplicadores de Lagrange

$$u_i \ge 0 \tag{2.26}$$

que constituem o vetor

$$\mathbf{u} = \begin{bmatrix} u_1 & u_2 & \cdots & u_m \end{bmatrix}^T \tag{2.27}$$

Pode-se, agora, escrever uma **função lagrangiana**, ou lagrangiano, escalar, na forma

$$L(\mathbf{x}, \mathbf{u}, \mathbf{v}, \mathbf{s}) = f(\mathbf{x}) + \mathbf{v}^T \mathbf{h}(\mathbf{x}) + \mathbf{u}^T (\mathbf{g}(\mathbf{x}) + \mathbf{s}^2) \tag{2.28}$$

Demonstra-se um teorema, as Condições de Karush-Kuhn-Tacker (KKT) do problema geral de otimização para um ponto $\mathbf{x}^*$ de mínimo local dentro do conjunto viável. O procedimento é, em resumo:

1. Escrever o lagrangiano

$$L(\mathbf{x}, \mathbf{v}) = f(\mathbf{x}) + \sum_{j=1}^{p} v_j h_j(\mathbf{x}) + \sum_{i=1}^{m} u_i (g_i(\mathbf{x}) + s_i^2) \tag{2.29}$$

2. Calcular as condições gradientes

$$\frac{\partial L}{\partial x_k} = \frac{\partial f}{\partial x_k} + \sum_{j=1}^{p} v_j * \frac{\partial h_j}{\partial x_k} + \sum_{i=1}^{m} u_i * \frac{\partial g_i}{\partial x_k} = 0; \quad k = 1 \text{ a } n \tag{2.30}$$

$$\frac{\partial L}{\partial v_j} = 0 \quad \text{ou} \quad h_j(\mathbf{x}^*) = 0; \quad j = 1 \text{ a } p \tag{2.31}$$

$$\frac{\partial L}{\partial u_i} = 0 \quad \text{ou} \quad g_i(\mathbf{x}^*) - s_i^2 = 0; \quad i = 1 \text{ a } m \tag{2.32}$$

3. Calcular as condições de chaveamento

$$\frac{\partial L}{\partial s_i} = 0 \quad \text{ou} \quad 2u_i * s_i = 0; \quad i = 1 \text{ a } m \tag{2.33}$$

4. Verificar a viabilidade para as inequações

$$s_i^2 \geq 0 \quad \text{equivalente a} \quad g_i(\mathbf{x}) \leq 0; \quad i = 1 \text{ a } m \tag{2.34}$$

5. Verificar a não negatividade dos multiplicadores de Lagrange das inequações

$$u_i \geq 0; \quad i = 1 \text{ a } m \tag{2.35}$$

2.5.5 CONVEXIDADE

Um **conjunto convexo** S é uma coleção de pontos $\mathbf{x}$ em que, se dois pontos $\mathbf{x}_1$ e $\mathbf{x}_2$ estão nele contidos, então todo o segmento $\mathbf{x}_1 - \mathbf{x}_2$ também está contido em S. Um segmento de reta é sempre um conjunto convexo, pois todos os pontos no interior do segmento obedecem à definição acima. Se numa função de uma só variável a linha que une dois pontos está sempre acima da curva da função, essa é uma **função convexa**.

Uma função de várias variáveis $f(\mathbf{x})$, definida em um conjunto convexo, é uma função convexa se e somente se sua Hessiana é positiva semidefinida ou definida em todos os pontos do conjunto. Nesse último caso é estritamente convexa.

Pode-se provar um teorema em que se define um **problema convexo de programação**, como se segue. Seja um problema geral de otimização cujo conjunto viável é dado pela seguinte expressão:

$$S = \left\{ \mathbf{x} \middle| h_j\left(\mathbf{x}\right) = 0, j = 1 \text{ a } p;\ g_i\left(\mathbf{x}\right) = 0, i = 1 \text{ a } m \right\}$$

Então, o conjunto S é um conjunto convexo se as funções g_i forem convexas e as funções h_j forem lineares. Restrições de igualdade não lineares sempre levam a conjuntos não convexos. Restrições de igualdade ou de desigualdade lineares sempre levam a conjuntos convexos.

Outro teorema diz que, se $f(\mathbf{x}^*)$ é um **mínimo local** de uma função convexa $f(\mathbf{x})$ definida em um conjunto viável S convexo, então é também um **mínimo global**.

Em virtude dos teoremas acima, pode-se afirmar que, se uma função convexa $f(\mathbf{x})$ é uma função convexa definida em um conjunto viável S convexo, então as condições **necessárias** KKT são também **suficientes** para um mínimo global.

2.6 EXEMPLOS

2.6.1 EXEMPLO 1: CONDIÇÕES KKT

Minimizar $f\left(x_1, x_2\right) = x_1^2 + x_2^2 - 2x_1 - 2x_2 + 2$

Sujeito a $g_1 = -2x_1 - x_2 + 4 \leq 0 \qquad g_2 = -x_1 - 2x_2 + 4 \leq 0$

1. Função Lagrangina

$$L = x_1^2 + x_2^2 - 2x_1 - 2x_2 + 2 + u_1\left(-2x_1 - x_2 + 4 + s_1^2\right) + u_2\left(-x_1 - 2x_2 + 4 + s_2^2\right)$$

2. Condições KKT

$$\frac{\partial L}{\partial x_1} = 2x_1 - 2 - 2u_1 - u_2 = 0$$

$$\frac{\partial L}{\partial x_2} = 2x_2 - 2 - u_1 - 2u_2 = 0$$

$$g_1 = -2x_1 - x_2 + 4 + s_1^2 = 0; \quad s_1^2 \geq 0, \quad u_1 \geq 0$$

$$g_1 = -2x_1 - x_2 + 4 \leq 0; \quad s_1^2 \geq 0, \quad u_1 \geq 0$$

$$u_i s_i = 0; \quad i = 1, 2$$

Análise de possíveis soluções

Caso 1. $u_1 = 0$, $u_1 = 0$, implica que $s_1^2 = -1$, $s_2^2 = -1$, impossível.

Caso 2. $u_1 = 0$, $s_2 = 0$, implica que $x_1 = 1,2$; $x_2 = 1,2$; $u_1 = 0$; $u_2 = 0,4$; mas $s_2^2 = -0,2$, impossível.

Caso 3. $s_1 = 0$, $u_2 = 0$, implica que $s_2^2 = -0,2$, impossível.

Caso 4. $s_1 = 0$, $s_2 = 0$, implica que $x_1 = 4/3$; $x_2 = 4/3$; $u_1 = 2/9$; $u_2 = 2/9$. É um candidato a mínimo válido! E a função custo nesse caso vale $f = 2/9$.

2.6.2 EXEMPLO 2

Dois geradores elétricos são interconectados para alimentar uma carga de pelo menos 60 unidades de um certo consumidor. O custo de operação de cada gerador é função de sua produção de energia e é dado pelas expressões abaixo, com base em custo por unidade.

Formule o problema de custo mínimo par determinar as potências P_1 e P_2 que cada gerador deve fornecer. Formular as condições KKT.

Custo por unidade de potência do gerador 1: $C_1 = 1 - P_1 + P_1^2$

Custo por unidade de potência do gerador 2: $C_2 = 1 + 0,6 P_2 + P_2^2$

Variáveis de projeto: $x_1 = P_1$ e $x_2 = P_2$

Função objetivo: $f(\mathbf{x}) = C_1 + C_2 = 2 - x_1 + x_1^2 + 0,6x_2 + x_2^2$

Sujeita a:

$$g_1 = -x_1 - x_2 + 60 \leq 0$$

$$g_2 = -x_1 \leq 0$$

$$g_3 = -x_2 \leq 0$$

1. Lagrangiano

$$L = 2 - x_1 + x_1^2 + 0,6x_2 + x_2^2 + u_1\left(-x_1 - x_2 + 60 + s_1^2\right) + u_2\left(-x_1 + s_2^2\right) + u_3\left(-x_2 + s_3^2\right)$$

2. Condições KKT

$$\frac{\partial L}{\partial x_1} = -1 + 2x_1 - u_1 - u_2 = 0$$

$$\frac{\partial L}{\partial x_2} = 0,6 + 2x_2 - u_1 - u_3 = 0$$

$$-x_1 - x_2 + 60 + s_1^2 = 0$$

$$-x_1 + s_2^2 = 0$$

$$-x_2 + s_3^2 = 0$$

3. Condições de chaveamento

$$2u_1 s_1 = 0$$

$$2u_2 s_2 = 0$$

$$2u_3 s_3 = 0$$

4. Viabilidade

$$s_i^2 \geq 0; \quad i = 1 \text{ a } 3$$

5. Não negatividade dos multiplicadores de Lagrange

$$u_1 \geq 0; i = 1 \text{ a } 3$$

2.6.3 EXEMPLO 3

A treliça de duas barras da Figura 2.1 (triângulo retângulo 30:40:50 cm) deve ser projetada para suportar um peso $W = 1200$ KN no nó A, sem que as barras excedam a tensão normal admissível do material $\bar{\sigma} = 16$ KN/cm². O volume total de material deve ser minimizado.

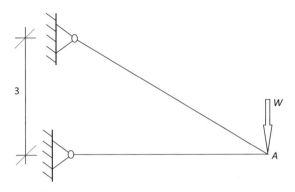

Figura 2.1 Treliça do Exemplo 2.6.3.

Equilíbrio do nó A:

$\sum V = 0{,}6F_1 - 1200 = 0 \quad \therefore \quad F_1 = 2000\,KN$

$\sum H = -0{,}8F_1 - F_2 = 0 \quad \therefore \quad F_2 = 1600\,KN$

Verificação da tensão admissível: $\sigma_i = \dfrac{F_i}{A_i} \leq \overline{\sigma}$

Variáveis de projeto: $x_1 = A_1;\ x_2 = A_2$, em cm²

Função objetivo: $f(\mathbf{x}) = 50x_1 + 40x_2$, em cm³

Sujeita a $g_1(\mathbf{x}) = \dfrac{2000}{x_1} - 16 \leq 0;\quad g_2(\mathbf{x}) = \dfrac{1600}{x_2} - 16 \leq 0;$

$g_3(\mathbf{x}) = -x_1 \leq 0;\quad g_4(\mathbf{x}) = -x_2 \leq 0$

Lagrangiano:

$$L = 50x_1 + 40x_2 + u_1\left(\dfrac{2000}{x_1} - 16 + s_1^2\right) + u_2\left(\dfrac{1600}{x_1} - 16 + s_2^2\right) + u_3\left(-x_1 + s_3^2\right) + u_4\left(-x_2 + s_4^2\right)$$

Condições necessárias KKT:

$\dfrac{\partial L}{\partial x_1} = 0 = 50 - u_1 \dfrac{2000}{x_1^2} - u_3$

$\dfrac{\partial L}{\partial x_2} = 0 = 40 - u_2 \dfrac{1600}{x_2^2} - u_4$

$u_i s_i = 0;\quad u_i \geq 0;\quad g_i + s_i^2 = 0;\quad s_i^2 \geq 0;\quad i = 1$ a 4

Casos em que $s_3 = s_4 = 0$ levam a áreas das seções transversais nulas, o que não é fisicamente aceitável.

Outros casos:

Caso 1: $u_1 = 0$; $u_2 = 0$; $u_3 = 0$; $u_4 = 0$; resultam 50 = 0 e 40 = 0, o que é absurdo!

Caso 2: $s_1 = 0$; $u_2 = 0$; $u_3 = 0$; $u_4 = 0$; resulta 50 = 0, o que é absurdo!

Caso 3: $u_1 = 0$; $s_2 = 0$; $u_3 = 0$; $u_4 = 0$; resulta 40 = 0, o que é absurdo!

Caso 4: $s_1 = 0$; $s_2 = 0$; $u_3 = 0$; $u_4 = 0$; resultam $x_1^* = 125$ cm², $x_2^* = 100$ cm², $u_1 = 0{,}391$ e $u_2 = 0{,}25$, atendendo às condições necessárias KKT de candidato a mínimo local.

Como $f(\mathbf{x})$, $g_3(\mathbf{x})$ e $g_4(\mathbf{x})$ são lineares, e as matrizes Hessianas de $g_1(\mathbf{x})$ e $g_2(\mathbf{x})$ são positivas semidefinidas, o problema é convexo e essa solução atende à condição suficiente para mínimo global.

2.6.4 EXEMPLO 4

A viga em balanço da Figura 2.2, de seção transversal retangular b (largura) x d (tal que a altura não exceda 2 vezes a largura), tem vão $L = 400/15$ cm e suporta um peso $V = 150$ KN em sua extremidade livre, sem que exceda a tensão normal admissível do material $\overline{\sigma} = 1$ KN/cm² e a tensão de cisalhamento admissível do material $\overline{\tau} = 0{,}2$ KN/cm². O volume total de material deve ser minimizado.

Figura 2.2 Treliça do Exemplo 2.6.4.

Momento fletor máximo: 150 x 400/15 = 4000 KNcm

Força cortante máxima: 150 KN

Verificação da tensão normal: $\sigma = \dfrac{6M}{bd^2} \leq \overline{\sigma}$

Verificação da tensão de cisalhamento: $\tau = \dfrac{3}{2}\dfrac{V}{bd} \leq \overline{\tau}$

Variáveis de projeto: $x_1 = b$; $x_2 = d$, em cm

Função objetivo: $f(\mathbf{x}) = x_1 x_2$, em cm

Sujeita a
$$g_1(\mathbf{x}) = \frac{6 \times 4000}{x_1 x_2^2} - 1 \leq 0; \qquad g_2(\mathbf{x}) = \frac{3 \times 150}{2 x_1 x_2} - 0,2 \leq 0;$$

$$g_3(\mathbf{x}) = x_2 - 2 x_1 \leq 0; \qquad g_4(\mathbf{x}) = -x_1 \leq 0; \qquad g_5(\mathbf{x}) = -x_2 \leq 0$$

Lagrangiano:

$$L = x_1 x_2 + u_1 \left(\frac{2400}{x_1 x_2^2} - 1 + s_1^2 \right) + u_2 \left(\frac{225}{x_1 x_2} - 0,2 + s_2^2 \right) + u_3 \left(x_2 - 2 x_1 + s_3^2 \right) +$$

$$+ u_4 \left(-x_1 + s_4^2 \right) + u_5 \left(-x_2 + s_5^2 \right)$$

Condições necessárias KKT:

$$\frac{\partial L}{\partial x_1} = 0 = x_2 - u_1 \frac{2400}{x_1^2 x_2^2} - u_2 \frac{225}{x_1^2 x_2} - 2 u_3 - u_4$$

$$\frac{\partial L}{\partial x_2} = 0 = x_1 - u_1 \frac{4800}{x_1^2 x_2^2} - u_2 \frac{225}{x_1 x_2^2} + u_3 - u_5$$

$$u_i s_i = 0; \quad u_i \geq 0; \quad g_i + s_i^2 = 0; \quad s_i^2 \geq 0; \quad i = 1 \text{ a } 5$$

Casos em que $s_4 = 0$ ou $s_5 = 0$ ou $s_5 = s_4 = 0$ não servem. Assim, é necessário que $u_5 = u_4 = 0$ em todos os casos.

Caso 1: $u_1 = 0; u_2 = 0; u_3 = 0; u_4 = 0; u_5 = 0$; resultam $b = 0$ e $d = 0$, o que não é aceitável.

Caso 2: $u_1 = 0; u_2 = 0; s_3 = 0; u_4 = 0; u_5 = 0$; resultam $b = 0$ e $d = 0$, o que não é aceitável.

Caso 3: $u_1 = 0; s_2 = 0; u_3 = 0; u_4 = 0; u_5 = 0$; resultando infinitas soluções válidas em faixas de valores para as dimensões da seção transversal:

$23,717 \leq b \leq 52,734$ cm; $21,333 \leq d \leq 47,433$ cm, sujeito a $bd = 1125$ cm^2

Caso 4: $s_1 = 0; u_2 = 0; u_3 = 0; u_4 = 0; u_5 = 0$; não tem soluções consistentes.

Caso 5: $u_1 = 0; s_2 = 0; s_3 = 0; u_4 = 0; u_5 = 0$; corresponde a um dos limites do caso 3, especificamente $b = 23,717$ cm e $d = 47,434$ cm.

Caso 6: $s_1 = 0; s_2 = 0; u_3 = 0; u_4 = 0; u_5 = 0$; corresponde a um dos limites do caso 3, especificamente $b = 52,374$ cm e $d = 21,333$ cm.

Caso 7: $s_1 = 0; u_2 = 0; s_3 = 0; u_4 = 0; u_5 = 0$; resulta em que $u_3 < 0$, o que não é válido.

Caso 8: $s_1 = 0; s_2 = 0; s_3 = 0; u_4 = 0; u_5 = 0$; resulta um sistema de 3 equações em 2 incógnitas, que não tem solução.

2.6.5 EXEMPLO 5, PROPOSTO

Determinar a massa mínima de um tripé de alumínio de altura H para suportar uma carga vertical $V = 60$ kN. A base é um triângulo equilátero com lados $B = 120$ cm. As barras têm seção circular maciça de diâmetro D e não devem ultrapassar a tensão admissível do material, nem a carga crítica de flambagem de Euler, com coeficiente de segurança 2. As faixas de valores das variáveis de projeto são 50 cm $\leq H \leq$ 500 cm e 0,5 cm $\leq D \leq$ 50 cm. Dados: tensão admissível à compressão 150 MPa; módulo de elasticidade 75 GPa; densidade 2800 kg/m³.

Respostas: $H = 50$ cm; $D = 3,42$ cm; massa mínima 6,6 kg.

2.7 FUNCIONAIS E SEUS MÁXIMOS E MÍNIMOS

Procurar-se-á, nesta apresentação, manter um certo paralelismo entre o cálculo variacional e o cálculo diferencial clássico.

Seja B um espaço vetorial de funções. Chama-se funcional a aplicação Π que associa a cada elemento f de B um único elemento y de **R**. A notação utilizada é $\prod: B \mapsto \mathbf{R}$, tal que se $f \in B$ então $y = \Pi(f)$.

Um funcional $\prod: B \mapsto \mathbf{R}$ é dito **convexo** se

$$\Pi((1-\theta)f_a + \theta f_b) \leq (1-\theta)\Pi(f_a) + \theta\Pi(f_b), \quad \forall f_a, f_b \in B, \quad \forall \theta \in [0,1]. \tag{2.36}$$

Um funcional $\prod: B \mapsto \mathbf{R}$ é dito **estritamente convexo** se

$$\Pi((1-\theta)f_a + \theta f_b) < (1-\theta)\Pi(f_a) + \theta\Pi(f_b), \quad \forall f_a, f_b \in B, \quad \forall \theta \in (0,1). \tag{2.37}$$

Considere $V_h(f_0) = \{\Omega \subset B \mid \forall f \in \Omega, d(f, f_0) < \varepsilon \}$ uma vizinhança de f_0.

Diz-se que o funcional $\prod: B \mapsto \mathbf{R}$ passa por um **mínimo local** em f_0 se existir uma vizinhança de f_0 na qual

$$\Pi(f) \geq \Pi(f_0), \quad \forall f \in V_h(f_0). \tag{2.38}$$

Diz-se que este mínimo é **global** se

$$\Pi(f) \geq \Pi(f_0), \quad \forall f \in B. \tag{2.39}$$

Diz-se que este mínimo é **estrito** se

$$\Pi(f) > \Pi(f_0), \quad \forall f \in V_h(f_0) \mid d(f, f_0) \neq 0. \tag{2.40}$$

Ferramentas matemáticas **41**

Diz-se que o funcional $\Pi: B \mapsto \mathbf{R}$ passa por um **máximo local** em f_0 se existir uma vizinhança de f_0 na qual

$$\Pi\,(f) \le \Pi(f_0), \quad \forall f \in V_h(f_0). \tag{2.41}$$

Diz-se que este máximo é **global** se

$$\Pi\,(f) \le \Pi(f_0), \quad \forall f \in B. \tag{2.42}$$

Diz-se que este máximo é **estrito** se

$$\Pi\,(f) < \Pi(f_0), \quad \forall f \in V_h(f_0) \mid d(f, f_0) \ne 0. \tag{2.43}$$

Observações:

Funcionais convexos possuem pelo menos um mínimo global. Quando eles são estritamente convexos este mínimo não só existe, mas é único.

Diz-se também que $\Pi(f_0)$ é um **extremo** de Π e que f_0 é um **extremante**.

CAPÍTULO 3
Método gráfico

Uma classe de problemas razoavelmente comum na prática é a dos que têm apenas duas variáveis de projeto ou, como também se diz, dois graus de liberdade.

Nesse caso, é possível representar todos os possíveis valores dessas duas variáveis, incluindo as restrições, e plotar curvas de iso-valores da função objetivo em um plano e determinar visualmente a solução do problema de otimização correspondente, sem recorrer a outras ferramentas matemáticas que a mais simples geometria analítica.

3.1 EXEMPLOS

3.1.1 EXEMPLO E1 DO CAPÍTULO 1

Variáveis de projeto:

x_1 = número de aeronaves A, x_2 = número de aeronaves B

Função objetivo (lucro), a ser maximizada: $F(\mathbf{x}) = 400x_1 + 600x_2$

Restrições (de desigualdade):

$$x_1 + x_2 \leq 16 \quad \Rightarrow \quad g_1(\mathbf{x}) = x_1 + x_2 - 16 \leq 0 \qquad \text{(expedição)}$$

$$x_1/28 + x_2/14 \leq 1 \quad \Rightarrow \quad g_2(\mathbf{x}) = x_1/28 + x_2/14 - 1 \leq 0 \qquad \text{(produção)}$$

$$x_1/14 + x_2/24 \leq 1 \quad \Rightarrow \quad g_3(\mathbf{x}) = x_1/14 + x_2/24 - 1 \leq 0 \qquad \text{(vendas)}$$

A plotagem dessas funções é apresentada na Figura 3.1. A linha de iso-lucros que dá o máximo valor e atende a todas as restrições é 400 x_1 + 600 x_2 = 8800. Os programas de plotagem disponíveis, como o Microsoft Office Excel, facilitam amplamente essa forma de resolução.

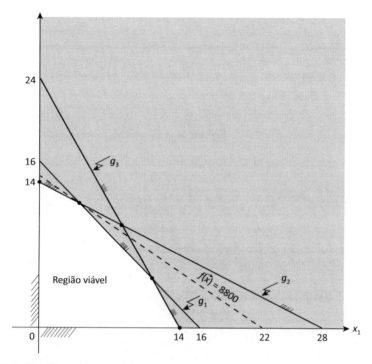

Figura 3.1 Solução gráfica do Exemplo 3.1.1.

3.1.2 COLUNA SUBMETIDA A CARGA AXIAL

Uma coluna, mostrada na Figura 3.2, possui comprimento $L = 5$ m, é engastada na base e livre na extremidade superior. A seção é tubular de raio médio R e espessura da parede t.

Ela encontra-se submetida a uma força de compressão centrada no topo $P = 10$ MN. Determinar sua mínima massa, sabendo que é constituída de aço ($E = 207$ GPa, densidade $\rho = 7833$ kg/m³, resistência admissível $\sigma_a = 248$ MPa).

Variáveis de projeto: R e t

Função objetivo: $f(R, t) = 2\rho L\pi Rt$, massa em kg

Restrições de desigualdade:

$$g_1(R,t) = \frac{P}{2\pi Rt} - \sigma_a \leq 0, \qquad \text{(resistência admissível)}$$

$$g_2(R,t) = P - \frac{\pi^3 ER^3 t}{4L^2} \leq 0 \qquad \text{(carga de flambagem)}$$

$$g_3(R,t) = -R \leq 0, \qquad g_4(R,t) = -t \leq 0$$

É um problema de minimização não linear com restrições. Como só há 2 variáveis de projeto, é possível resolvê-lo pelo método gráfico no plano cartesiano $R \times t$. Há infinitas soluções. Todos os pontos no segmento da curva $g_1(R,t) = \frac{P}{2\pi Rt} - \sigma_a = 0$ acima de sua intersecção com a curva $g_2(R,t) = P - \frac{\pi^3 ER^3 t}{4L^2} = 0$ são soluções com a massa da coluna igual a 1579 kg. Em particular, nesse ponto de interseção, $R = 0{,}1575$ m e $t = 0{,}0405$ m, onde foi adotada, entre as infinitas possibilidades, a solução ótima.

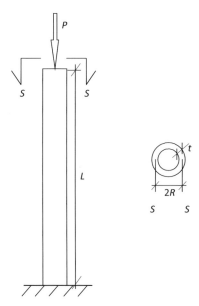

Figura 3.2 Coluna do Exemplo 3.1.2.

Veja a solução gráfica na Figura 3.3. Nessa figura têm-se as curvas de iso-massas c1000, c1500 e c2000 para respectivamente as massas de 1000 kg, 1500 kg e 2500 kg, além das restrições g_1 e g_2. A função objetivo é também denominada de função custo, por sua costumeira aplicação a problemas de minimização do custo.

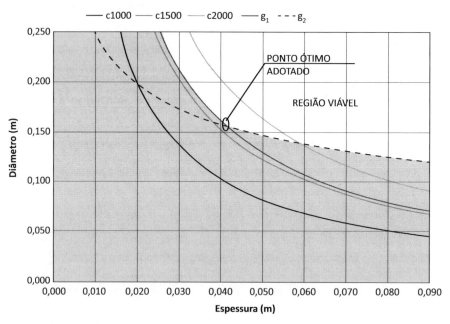

Figura 3.3 Solução gráfica do Exemplo 3.1.2.

3.1.3 VIGA SUBMETIDA À FLEXÃO

Considere a viga biapoiada mostrada na Figura 3.4. Ela está sujeita a uma carga concentrada $P = 20$ tf aplicada no meio do vão $L = 10$ m. A seção transversal é retangular com dimensões b_w x h. O material que compõe a viga apresenta uma tensão admissível $\sigma_a = 20$ MPa e uma densidade $\rho = 2500$ kg/m³. O problema de otimização (minimização da massa) é definido conforme a seguir.

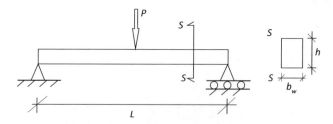

Figura 3.4 Viga biapoiada submetida a carga concentrada.

Variáveis de projeto: b_w e h.

Função objetivo: $f(b_w, h) = \rho L b_w h$, massa em kg

Restrições de desigualdade:

$$g_1(b_w, h) = \frac{3}{2}\frac{PL}{b_w h^2} - \sigma_a \leq 0, \qquad \text{(resistência admissível)}$$

$g_2(b_w, h) = b_w - h \le 0,$ \hfill (altura maior que a largura)

$g_3(b_w, h) = -b_w + 0,2 \le 0,$ \hfill (largura mínima)

$g_4(b_w, h) = -h + 0,2 \le 0.$ \hfill (altura mínima)

Plotando os gráficos da função objetivo e das restrições, obtém-se a Figura 3.5. Observa-se que o valor ótimo encontra-se na intersecção das restrições g_1 e g_3. Neste caso, diz-se que g_1 e g_3 são restrições ativas. As demais restrições g_2 e g_4 estão longe da região viável e não interferem na solução do problema. Alguns algoritmos de busca desprezam as restrições que não estão ativas ou ε-ativas no cálculo do gradiente das restrições para a determinação da solução ótima. Outra observação é que a restrição g_4 é redundante, uma vez que g_2 e g_3 fazem a mesma função de definir um valor mínimo para h igual a 0,2. A definição de restrições redundantes aumenta o tempo computacional envolvido e pode interferir negativamente no processo de busca, por isso deve ser evitada.

O valor ótimo da função objetivo é igual 4333 kg e ocorre em b_w = 0,2 m e h = 0,867 m.

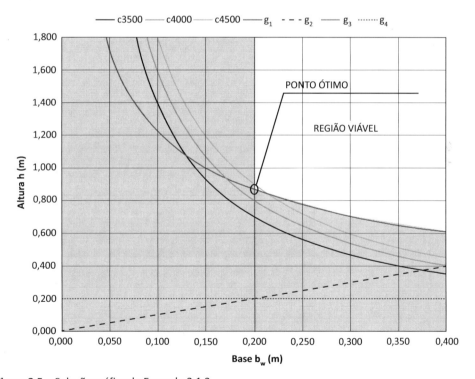

Figura 3.5 Solução gráfica do Exemplo 3.1.3.

3.2 EXEMPLO

Dois geradores elétricos são interconectados para alimentar uma carga de pelo menos 60 unidades de um certo consumidor. O custo de operação de cada gerador é a função de sua produção de energia e é dado pelas expressões abaixo, com base em custo por unidade. Formule o problema de custo mínimo para determinar as potências P_1 e P_2 que cada gerador deve fornecer. Determinar a solução graficamente.

Custo por unidade de potência do gerador 1: $C_1 = 1 - P_1 + P_1^2$

Custo por unidade de potência do gerador 2: $C_2 = 1 + 0{,}6\, P_2 + P_2^2$

Variáveis de projeto: $x_1 = P_1$ e $x_2 = P_2$

Função objetivo: $f(\mathbf{x}) = C_1 + C_2 = 2 - x_1 + x_1^2 + 0{,}6 x_2 + x_2^2$

Sujeita a:

$$g_1 = -x_1 - x_2 + 60 \leq 0$$
$$g_2 = -x_1 \leq 0$$
$$g_3 = -x_2 \leq 0$$

Na Figura 3.6 é mostrada a solução do problema por meio de gráficos das funções. O ponto ótimo é $\mathbf{x}^{*T} = [30{,}4\ \ 29{,}6]$ e o valor da função objetivo no ponto ótimo é f($\mathbf{x}^*$) = 1790.

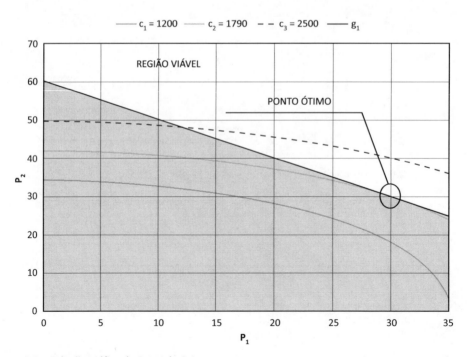

Figura 3.6 Solução gráfica do Exemplo 3.4.

CAPÍTULO 4
Programação linear

Um problema de otimização que envolve apenas funções lineares das variáveis de projeto é também chamado de problema de programação linear.

Programação linear é normalmente considerada um método de pesquisa operacional, mas existe uma série muito grande de aplicações. O problema que será exposto pode ser expresso em sua forma-padrão como:

Minimizar $f(\mathbf{x}) = \mathbf{c}^T\mathbf{X}$ (*função objetivo*)

sujeita a $\mathbf{AX} = \mathbf{b}$ (*equações de restrição*) onde $\mathbf{x} \geq 0$

$\mathbf{x}$ é o vetor coluna das n variáveis de projeto que se deseja determinar. As constantes dadas do sistema, também conhecidas como **recursos disponíveis**, são fornecidas pelo vetor coluna $\mathbf{b}$, uma matriz: $\mathbf{A}$ $m \times n$ e um vetor coluna $\mathbf{c}$. Todas as equações de restrições e a função objetivo que se deseja minimizar estão na forma linear.

Repetindo, o problema representa a necessidade de minimizar uma função linear, a função objetivo, sujeita a satisfazer um sistema de igualdades linear. Apesar de ter sido dada a forma *standard*, muitas outras formas desse problema podem aparecer, as quais são convertidas a essa considerada. Por exemplo, as restrições podem ser inicialmente de desigualdades e estas podem ser convertidas em igualdades, adicionando-se ou subtraindo-se variáveis adicionais, as **variáveis de folga**. O objetivo pode ser maximizar a função, em vez de minimizá-la. Novamente, isso é obtido alterando-se os sinais dos coeficientes $\mathbf{c}$.

Alguns exemplos práticos em que a programação linear pode ser aplicada são:

- problema de dietas alimentares em hospitais, requerendo redução de custos de alimentos, enquanto se permanece oferecendo a melhor dieta;

- problema de redução de perda-padrão em indústrias;

- problema de se otimizar o lucro, sujeito a restrições de disponibilidade de materiais;

- problema de otimização de rotinas de chamadas telefônicas.

4.1 MÉTODO SIMPLEX

Um poderoso método numérico para resolução de problemas de programação linear é denominado SIMPLEX, um dos primeiros a se tornar disponível e popular quando da introdução dos computadores eletrônicos digitais de programa armazenado, na segunda metade do século XX.

Para exposição do algoritmo será utilizado o mesmo exemplo de maximização de lucro resolvido graficamente na Seção 3.1. Numa primeira fase, transformam-se as equações de restrições de desigualdade em equações de restrições de igualdade pela introdução de variáveis adicionais que representam a folga de recursos existente em cada uma delas, denominadas *slack variables* em inglês. O problema é:

Minimizar $f(\mathbf{x}) = -400\, x_1 - 600\, x_2$, sujeita a

$$x_1 + x_2 + x_3 = 16$$

$$x_1 / 28 + x_2 / 14 + x_4 = 1$$

$$x_1 / 14 + x_2 / 24 + x_5 = 1$$

Matricialmente, tem-se o vetor de variáveis de projeto $\mathbf{x} = \begin{bmatrix} x_1 & x_2 & \cdots & x_5 \end{bmatrix}^T$, a função objetivo $f(\mathbf{x}) = \mathbf{c}^T \mathbf{x}$, onde $\mathbf{c} = \begin{bmatrix} c_1 & c_2 & \cdots & c_5 \end{bmatrix}^T = \begin{bmatrix} -400 & -600 & \cdots & 0 \end{bmatrix}^T$, e a equação de restrições. As componentes a_{ij} da matriz $\mathbf{A}$, m x n (no caso $m = 3$ e $n = 5$), são os coeficientes das equações de restrições e $\mathbf{b} = \begin{bmatrix} b_1 & b_2 & b_3 \end{bmatrix}^T = \begin{bmatrix} 16 & 1 & 1 \end{bmatrix}^T$.

Como a matriz $\mathbf{A}$ é 3 x 5, isto é, $m < n$, não há solução única. Introduz-se o conceito de solução básica, em que $n - m$ variáveis são anuladas (no caso, duas), chamadas variáveis não básicas, e as demais são denominadas variáveis básicas, permitindo a solução do sistema restante (no caso, 3 x 3). Cada uma dessas soluções básicas corresponde a um vértice do polígono da Figura 4.1. Como se percebe, das dez soluções básicas possíveis neste caso, algumas são viáveis (respeitam todas as restrições) e outras são inviáveis. A inspeção de todas essas soluções básicas possíveis é um procedimento tipo força bruta para resolver o problema. Num caso de dimensão grande se torna economicamente irrealizável.

Programação linear **51**

O método SIMPLEX é organizado em tabelas denominadas tableau, cada uma representando uma solução básica. A passagem de uma solução para outra é feita de uma forma inteligente, e há um critério para se saber quando é atingida a solução do problema de otimização. O tableau inicial é:

Variável básica	x_1	x_2	x_3	x_4	x_5	b	Razão b_i/a_{i2}
x_3	1	1	1	0	0	16	16
x_4	1/28	1/14	0	1	0	1	14
x_5	1/14	1/24	0	0	1	1	24
Custo	−400	−600	0	0	0	$f-0$	

Nesta solução, as variáveis básicas são $x_3 = 16$, $x_4 = 1$, $x_5 = 1$, e $x_1 = 0$, $x_2 = 0$ são as variáveis não básicas, levando, obviamente, a $f = 0$ (verificar a Figura 4.1). Pelo método, para examinar-se uma nova solução básica, uma das variáveis básicas deve tornar-se não básica e uma variável não básica deve se tornar básica. O critério para tanto é adotar-se a coluna que corresponde ao menor custo (a segunda coluna, de custo – 600) e a linha correspondente à menor razão positiva b_i/a_{i2}. O elemento $a_{22} = 1/14$ é o novo pivô do procedimento. No método numérico, é costume fazer esse pivô unitário dividindo essa linha por ele mesmo. Além disso, subtrai-se essa linha, multiplicada por um número adequado, das demais linhas para zerar os coeficientes da coluna 2. O resultado é o segundo tableau, a seguir (verificar a Figura 4.1).

Variável básica	x_1	x_2	x_3	x_4	x_5	b	Razão b_i/a_{i1}
x_3	1/2	0	1	−14	0	2	4
x_2	1/2	1	0	14	0	14	28
x_5	17/336	0	0	−7/12	1	70	140/17
Custo	−100	0	0	8400	0	f + 8400	

Adota-se, agora, a coluna que corresponde ao menor custo (a primeira coluna, de custo – 100) e a linha correspondente à menor razão positiva b_i/a_{i1}. O elemento $a_{11} = 1/2$ é o novo pivô do procedimento. Faz-se esse pivô unitário, dividindo essa linha por ele mesmo e subtrai-se essa linha, multiplicada por um número adequado, das demais linhas para zerar os coeficientes da coluna 1. O resultado é o terceiro tableau, a seguir.

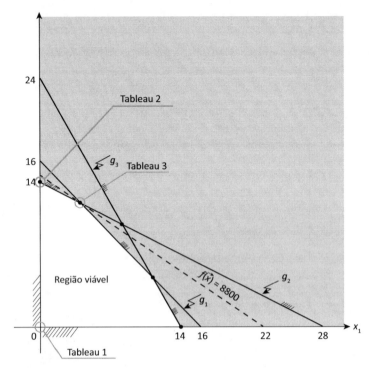

Figura 4.1 Visualização gráfica da solução do Exemplo 4.1.

Variável básica	x_1	x_2	x_3	x_4	x_5	b	Razão b_i/a_{i1}
x_1	1	0	2	−28	0	4	Não necessário
x_2	0	1	−1	28	0	12	Não necessário
x_5	0	0	−17/168	5/6	1	3/14	Não necessário
Custo	0	0	200	5600	0	f + 8800	

Pode-se provar que o processo atinge o mínimo quando os valores reduzidos da linha Custo para as variáveis não básicas são não negativos (em vez de diminuir eles aumentam o custo). A solução do problema é, portanto: as variáveis básicas são $x_1 = 4$, $x_2 = 12$, $x_5 = 3/14$, e $x_3 = 0$, $x_4 = 0$ são as variáveis não básicas, levando a $f = -8800$. Na Figura 4.1 são marcados os pontos correspondentes a cada uma das tableaux. Observe que o algoritmo desloca a solução ao longo dos vértices do polígono que define a região viável do problema (domínio viável) até que se obtenha o valor ótimo.

Há casos particulares, mas o exame deles foge ao escopo deste livro, e devem ser procurados na literatura da pesquisa operacional.

4.2 EXEMPLO

Uma refinaria recebe uma quantidade fixa de gás natural bruto em m³ por semana. Ele é processado em 2 qualidades de gás, comum e especial, cada um consumindo um certo tempo e dando um certo lucro por tonelada processada. Só um dos tipos de produto pode ser processado de cada vez. A refinaria trabalha 80 horas por semana e sua capacidade de armazenamento é restrita para cada tipo de produto. Qual a quantidade de gás de cada tipo que deve ser processada para o máximo lucro? Os dados disponíveis para o gestor resolver o problema de programação linear estão resumidos a seguir.

Recurso	Produto		Disponibilidade de recursos
	Gás comum	Gás especial	
Gás bruto	7 m³/ton	11 m³/ton	77 m³/semana
Tempo de produção	10 h/ton	8 h/ton	80 h/semana
Armazenagem	9 ton	6 ton	
Lucro	R$ 150/ton	R$ 175/ton	

Variáveis de projeto:

x_1: quantidade de gás comum a ser produzida

x_2: quantidade de gás especial a ser produzida

Função objetivo (lucro): $F(\mathbf{x}) = 150\,x_1 + 175\,x_2$

Restrições, já adicionando as variáveis de folga (*slack variables*):

$g_1 = 7x_1 + 11\,x_2 + x_3 = 77$

$g_2 = 10x_1 + 8\,x_2 + x_4 = 80$

$g_3 = x_1 + x_5 = 9$

$g_4 = x_2 + x_6 = 6$

Aplicando o SIMPLEX, constrói-se o primeiro tableau

Variável básica	x_1	x_2	x_3	x_4	x_5	x_6	b	Razão b_i/a_{i2}
x_3	7	11	1	0	0	0	77	7
x_4	10	8	0	1	0	0	80	10
x_5	1	0	0	0	1	0	9	∞
x_6	0	1	0	0	0	1	6	6
Custo	−150	−175	0	0	0	0	$f-0$	

O pivô será o coeficiente $a_{42} = 1$ já que a segunda coluna corresponde ao menor custo (−175), e a quarta linha, à menor razão positiva b_i/a_{i2}.

Esse pivô já é unitário, como exigido pelo método. Zerando os coeficientes dessa coluna acima e abaixo dessa linha, chega-se ao segundo tableau.

Variável básica	x_1	x_2	x_3	x_4	x_5	x_6	b	Razão b_i/a_{i1}
x_3	7	0	1	0	0	−11	11	1,57143
x_4	10	0	0	1	0	−8	32	3,2
x_5	1	0	0	0	1	0	9	9
x_2	0	1	0	0	0	1	6	∞
Custo	−150	0	0	0	0	175	$f+1050$	

O pivô será o coeficiente $a_{11} = 7$, já que a primeira coluna corresponde ao menor custo (−150), e a primeira linha, à menor razão positiva b_i/a_{i2}.

Tornando esse pivô unitário e zerando os coeficientes abaixo dessa linha, chega-se ao terceiro tableau.

Programação linear

Variável básica	x_1	x_2	x_3	x_4	x_5	x_6	b	Razão b_i/a_{i2}
x_1	1	0	0,1429	0	0	−1,571	1,57143	
x_4	0	0	−0,1429	1	0	7,7143	16,2857	2,1111
x_5	0	0	−0,1429	0	1	1,571	7,4286	4,7286
x_2	0	1	0	0	0	1	6	6
Custo	0	0	21,4256	0	0	−60,71	f + 1286	

O pivô será o coeficiente $a_{26} = 7,7143$, já que a sexta coluna corresponde ao menor custo (−60,71), e a segunda linha, à menor razão positiva b_i/a_{i2}.

Tornando esse pivô unitário e zerando os coeficientes abaixo e acima dessa linha, chega-se ao quarto tableau.

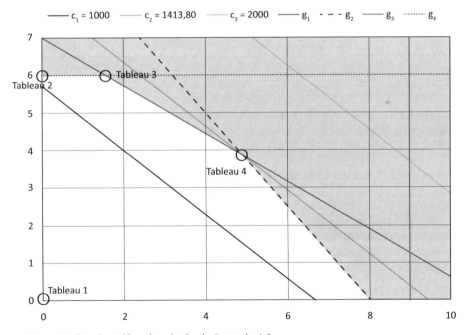

Figura 4.2 Visualização gráfica da solução do Exemplo 4.2.

Variável básica	x_1	x_2	x_3	x_4	x_5	x_6	b	Razão b_i/a_{i2}
x_1	1	0	0,1481	0,2037	0	0	4,8889	
x_6	0	0	−0,1852	0,1296	0	1	2,1111	
x_5	0	0	0,1481	−0,204	1	0	4,1111	
x_2	0	1	0,1852	−0,13	0	0	3,8889	
Custo	0	0	10,1852	7,8704	0	0	$f + 1413,8$	

Este é o último tableau, pois na linha dos custos só há valores não negativos. A solução é 4,8889 toneladas de gás comum e 3,8889 toneladas de gás especial, por semana, resultando um lucro máximo de R$ 1.413,80. Cabe mencionar mais um resultado interessante para o gestor: existe uma folga de capacidade de armazenamento de 2,1111 toneladas do gás especial e de 4,1111 toneladas do gás comum.

Na Figura 4.2 são marcados os pontos correspondentes a cada um dos tableaux. Além das restrições g_1 a g_4 são mostradas na figura os gráficos da função objetivo para os valores $c_1 = 1000$ (valor da função objetivo igual a 1000), $c_2 = 1413,80$ (valor da função objetivo igual a 1413,80) e $c_3 = 2000$ (valor da função objetivo igual a 2000). Observe que neste caso também o algoritmo simplex desloca a solução ao longo dos vértices do polígono que define a região viável do problema (domínio viável) até que se obtenha o valor ótimo.

4.3 PROGRAMA EM MATLAB

```
% programação linear - método Simplex
% Prof. Reyolando Brasil - 01/04/2013
%
% dimensões do problema
%
ninc=5; % número de incognitas
neq=2; % número de equações (restrições)
%
% entrada das matrizes do primeiro tableau
%
a=[-1 1 -4 1 0;2 -1 2 0 1]; % coeficientes das equações de restrições
```

Programação linear

```
b=[30 10]; % vetor de recursos
c=[-1 -2 1 0 0]; % coeficientes da função objetivo
f=0;
%
while(1)
%
% coluna da incógnita que entra
%
centra=0;
for j=1:ninc
  if c(j) < centra
    centra=c(j);
    jentra=j;
  end
end
if centra==0, break, end
%
% linha da incognita que sai
%
razaoa=10000;
for i=1:neq
  razao=b(i)/a(i,jentra);
  if razao > 0
    if razao < razaoa
      razaoa=razao;
      isai=i;
    end
  end
end
%
% faz o pivo unitário
%
```

```matlab
pivo=a(isai,jentra);
for j=1:ninc
  a(isai,j)=a(isai,j)/pivo;
end
b(isai)=b(isai)/pivo;
%
% modifica as demais linhas acima e abaixo da linha que sai para
zerar a coluna
% acima e abaixo do pivo
%
for i=1:neq
  if i ~= isai
    const=a(i,jentra);
    for j=1:ninc
      a(i,j)=a(i,j)-const*a(isai,j);
    end
    b(i)=b(i)-const*b(isai);
  end
end
const=c(jentra);
for j=1:ninc
  c(j)=c(j)-const*a(isai,j);
end
f=f-const*b(isai);
end
a
b
c
f
%
```

CAPÍTULO 5
Programação não linear: o método do lagrangiano aumentado

Quando a função objetivo ou as restrições são funções não lineares das variáveis de projeto $\mathbf{x}$, diz-se que o problema de otimização é um problema de programação não linear. Os problemas de programação não linear resolvidos neste livro podem ser apresentados na forma:

Determine $\mathbf{x} \in \mathfrak{R}^n$ que minimize a função objetivo

$$f(\mathbf{x},T) = \overline{f}(\mathbf{x},T) + \int_0^T \tilde{f}(\mathbf{x},\mathbf{z},\dot{\mathbf{z}},\ddot{\mathbf{z}},t)dt, \tag{5.1}$$

sujeito às restrições estáticas

$$g_i = \overline{g}_i(\mathbf{x},T) + \int_0^T \tilde{g}_i(\mathbf{x},\mathbf{z},\dot{\mathbf{z}},\ddot{\mathbf{z}},t)dt \begin{cases} = 0 \text{ para } i = 1,...,l \\ \leq 0 \text{ para } i = l+1,...,m \end{cases}. \tag{5.2}$$

e às restrições dinâmicas

$$g_i = \tilde{g}_i(\mathbf{x},\mathbf{z},\dot{\mathbf{z}},\ddot{\mathbf{z}},t) \begin{cases} = 0 \text{ para } i = m+1,...,l' \\ \leq 0 \text{ para } i = l'+1,...,m' \end{cases}, \text{ para } t \in [0,T]. \tag{5.3}$$

Nos problemas tratados aqui, as variáveis de estado $z(t)$, ou vetor deslocamento, devem satisfazer as equações do movimento:

$$M\ddot{\mathbf{z}} + C\dot{\mathbf{z}} + K\mathbf{z} = \mathbf{p}(t) , \ \forall \ t \in [0,T],\tag{5.4a}$$

com as condições iniciais $\mathbf{z}(0) = \mathbf{z}_0$ e $\dot{\mathbf{z}}(0) = \dot{\mathbf{z}}_0$. As restrições com respostas dinâmicas são funções explícitas das variáveis de estado e implícitas das variáveis de projeto. Observe que, quando o problema é estático, os termos que dependem do tempo são eliminados das Equações (5.1) a (5.3) e a equação de estado fica na forma:

$$K\mathbf{z} = \mathbf{p}.\tag{5.4b}$$

Neste caso $\mathbf{z}$ e $\mathbf{p}$ não dependem do tempo.

5.1 O MÉTODO DO LAGRANGIANO AUMENTADO PARA RESTRIÇÕES ESTÁTICAS

O método do lagrangiano aumentado, segundo Arora, Chahande e Paeng (1991), foi proposto inicialmente por Haarhoff e Powell e, a seguir, por Buys. O método, originalmente descrito para aplicações em problemas com restrições estáticas, na década de 1990 passou a ser utilizado também para problemas com restrições dinâmicas. O método é iterativo e a ideia básica consiste em transformar um problema de otimização com restrições em uma sequência de problemas de otimização sem restrições.

Para se formular o problema sem restrições, um funcional lagrangiano $\Phi(\mathbf{x},\theta,\mathbf{r})$ é construído combinando-se a função objetivo com as funções restrições. Nessa combinação ainda são introduzidos ao problema mais dois vetores denominados variáveis duais: um contendo os parâmetros de penalidade, $\mathbf{r} \in \Re^{m'}$, e outro, $\theta \in \Re^{m'}$, relacionados com os multiplicadores de Lagrange $\mathbf{u} \in \Re^{m'}$ por meio das expressões $u_i = r_i\theta_i, i = 1,...,m'$. As soluções dos problemas sem restrições geram uma sequência de pontos, soluções ótimas dos problemas sem restrições que, sob certas hipóteses, convergem para a solução do problema com restrições.

Considera-se então o seguinte problema de otimização, com restrições de igualdade e desigualdade:

Problema P. Determine $\mathbf{x} \in \Re^n$ que minimize a função objetivo $f(\mathbf{x})$ sujeito a

restrições de igualdade: $g_i(\mathbf{x}) = 0; \ i = 1,l$ (5.5)

restrições de desigualdade: $g_i(\mathbf{x}) \leq 0; \ i = l+1,m$ (5.6)

Conforme definido no Capítulo 2, a função Lagrangiana do ***Problema P*** é definida como

$$L(\mathbf{x},\mathbf{u}) = f(\mathbf{x}) + \sum_{i=1}^{m} u_i g_i(\mathbf{x})\tag{5.7}$$

onde $\mathbf{u} \in \mathbf{R}^m$ é o vetor dos multiplicadores de Lagrange.

Programação não linear: o método do lagrangiano aumentado

O método do lagrangiano aumentado utilizado no presente livro introduz termos de penalidade quadrática relacionados com cada restrição:

$$\Phi(\mathbf{x},\mathbf{u},\mathbf{r}) = L(\mathbf{x},\mathbf{u}) + P(\mathbf{r},\mathbf{g}(\mathbf{x})), \tag{5.8}$$

onde

$$P(\mathbf{r},\mathbf{g}(\mathbf{x})) = \frac{1}{2}\sum_{i=1}^{m} r_i g_i(\mathbf{x})^2 \tag{5.9}$$

é a função de penalidade quadrática e $\mathbf{r} \in \Re^m$ é o vetor dos parâmetros de penalidade.

O lagrangiano adotado neste trabalho foi definido por Fletcher (1985):

$$\Phi(\mathbf{x},\theta,\mathbf{r}) = f(\mathbf{x}) + \frac{1}{2}\sum_{i=1}^{l} r_i \left(g_i + \theta_i\right)^2 + \frac{1}{2}\sum_{i=l+1}^{m} r_i \left(g_i + \theta_i\right)_+^2 \tag{5.10}$$

O símbolo $(h)_+$ significa max$(0, h)$. Observe que $\Phi(\mathbf{x},\mathbf{u},\mathbf{r})$ contém termos de penalidade quadrática ½ $r_i g_i^2$, $i = 1,...,m$, e constantes ½ $r_i \theta_i^2$, $i = 1,...,m$, adicionadas ao funcional definido em (5.7).

O método do lagrangiano aumentado pode ser resumido pelo seguinte algoritmo:

Algoritmo I (lagrangiano):

passo 1 – faça $k = 0$, adote os vetores $\mathbf{u}$ e $\mathbf{r}$;

passo 2 – minimize $\Phi(\mathbf{x},\mathbf{u}^k,\mathbf{r}^k)$ em relação a $\mathbf{x}$; considere $\mathbf{x}^k$ a solução;

passo 3 – caso os critérios de convergência forem satisfeitos, pare o processo iterativo;

passo 4 – atualize $\mathbf{u}^k$ e $\mathbf{r}^k$ se necessário;

passo 5 – faça $k = k + 1$ e vá ao passo 2.

Conceitualmente o método dos multiplicadores é muito simples e sua essência está contida nos passos 2 e 4. O desempenho do método depende fortemente de como estes passos são executados. A precisão requerida para o mínimo de Φ no algoritmo de minimização sem restrições utilizado no passo 2 influencia o comportamento e a eficiência do método. Esses aspectos são essenciais no desempenho do método e serão discutidos.

Como todo o processo iterativo, o método do lagrangiano aumentado também necessita de critérios de parada, ou de convergência, quando for o caso. Neste trabalho, considerar-se-á os seguintes critérios:

$$k < p, \tag{5.11}$$

$$\left\| \nabla\Phi(\mathbf{x}^k,\mathbf{u}^k,\mathbf{r}^k) \right\| \leq \varepsilon_m \text{ e} \tag{5.12}$$

$$K_b = \max\{\max_{1\leq i\leq l} | g_i |; \max_{l+1\leq i\leq m} | \max(g_i;-\theta_i) |\} \leq \varepsilon_m, \tag{5.13}$$

onde k é o número de iterações e p é o número máximo de iterações, K_b representa a máxima violação de restrição e, em (5.12) e (5.13), ε_m é a tolerância estabelecida. Caso o algoritmo não convirja, a condição (5.11) impõe um número máximo de iterações. Chahande e Arora (1994) observaram em diversos exemplos analisados que o valor ideal para p é igual a $2n$. Outros critérios de parada podem ser adotados dependendo do problema a ser analisado, como limitar a variação de **x** e que $\Phi(\mathbf{x})$.

O procedimento para acréscimo dos multiplicadores, passo 4, para restrições de igualdade, é feito na forma

$$\theta_i^{k+1} = \theta_i^k + g_i(\mathbf{x}^k); \; i = 1, ..., l \tag{5.14}$$

Quando restrições de desigualdade estão presentes, os multiplicadores podem ser acrescidos usando os valores das funções violação de restrição, como

$$\theta_i^{k+1} = \theta_i^k + \max[g_i(\mathbf{x}^k); -\theta_i^k]; \; \theta_i^{k+1} \geq 0, \; i = l+1, ..., m \tag{5.15}$$

A Expressão (5.15) é denominada fórmula de Hestenes-Powell. Observe que (5.14) e (5.15) não requerem o cálculo do gradiente das restrições individualmente, como ocorre em grande parte dos métodos.

Para o leitor que deseja se aprofundar no método descrito neste item, recomenda-se consultar os trabalhos de Arora, Chahande e Paeng (1991), Chahande e Arora (1994), Arora, Huang e Hsieh (1994) e Silva (2000).

5.2 PROBLEMAS COM RESTRIÇÕES DINÂMICAS

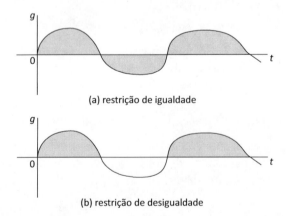

Figura 5.1 Tratamento das restrições dinâmicas para transformá-las em estáticas.

Em um problema de otimização com restrições dinâmicas, como o dado pelas Equações (5.1) a (5.4), dependendo do método utilizado, torna-se necessário eliminar

Programação não linear: o método do lagrangiano aumentado

a variável independente tempo nas restrições. Restrição dinâmicas, definidas em um intervalo $t \in [0,T]$, podem ser transformadas em estáticas, como mostrado a seguir:

$$g_i(\mathbf{b},t) = 0, \forall t \in [0,T] \rightarrow \phi_i(\mathbf{b}) = \int_0^T |g_i(\mathbf{b},t)| \, dt = 0, \quad i = 1,...,l$$

$$g_i(\mathbf{b},t) \leq 0, \forall t \in [0,T] \rightarrow \phi_i(\mathbf{b}) = \int_0^T (g_i(\mathbf{b},t))_+ \, dt = 0, \quad i = l+1,...,m$$

(5.16)

Utilizando-se (5.16), pode-se aplicar os conceitos e métodos descritos na Seção 5.1 para resolver também problemas com restrições dinâmicas. A representação gráfica do tratamento dado às restrições dinâmicas em (5.16) é mostrada na Figura 5.1. Arora (1999) apresenta diversas maneiras de se tratar restrições dinâmicas.

Outra abordagem para os problemas dinâmicos é tratar as restrições estritamente como funções dinâmicas e calculá-las para todo instante de tempo na discretização temporal adotada.

Para a apresentação do algoritmo do método do lagrangiano aumentado para problemas dinâmicos é necessário ampliar o conceito de K_b (a máxima violação de restrição) dado em (5.12):

$$K_b = \max\{\max_{1 \leq i \leq l} |g_i|; \max_{l+1 \leq i \leq m} |\max(g_i; -\theta_i); \\ \max_{m+1 \leq i \leq l'} (\max_{t \in [0,T]} |g_i|); \max_{l'+1 \leq i \leq m'} (\max_{t \in [0,T]} |\max(g_i, -\theta_i)|)\} \leq \varepsilon_m,$$

(5.17)

O funcional lagrangiano aumentado de Fletcher para o problema (5.1) a (5.4a) é definido por:

$$\Phi(\mathbf{b},\theta,\mathbf{r}) = f(\mathbf{b},T) + \frac{1}{2}\left\{ \sum_{i=1}^{l} r_i(g_i + \theta_i)^2 + \sum_{i=l+1}^{m} r_i(g_i + \theta_i)_+^2 \right\} + \\ \frac{1}{2}\int_0^T \left\{ \sum_{i=m+1}^{l'} r_i(g_i + \theta_i)^2 + \sum_{i=l'+1}^{m'} r_i(g_i + \theta_i)_+^2 \right\} dt$$

(5.18)

Considerando o funcional (5.18) e K_b em (5.17), o **Algoritmo I** pode ser detalhado como o **Algoritmo II** descrito abaixo.

Algoritmo II (lagrangiano):

Passo 1 – Faça $k = 0$; $K = \infty$; estime os vetores $\mathbf{x}^0$, θ^0, $\mathbf{r}^0$, e os escalares $\alpha > 1$, $\beta > 1$, $\varepsilon_m > 0$ (ε é um número pequeno usado como tolerância nos critérios de parada).

Passo 2 – Minimize $\Phi(\mathbf{x},\theta^k,\mathbf{r}^k)$ em relação a $\mathbf{x}$. Denomina-se $\mathbf{x}^k$ o ponto que minimiza $\Phi(\mathbf{x},\theta^k,\mathbf{r}^k)$.

Passo 3 – Calcule $g_i(\mathbf{x}^k)$, $i = 1,m$ e $g_i(\mathbf{x}^k,t)$; $i = m+1, m'$ e $t \in [0,T]$. Calcule K_b e cheque o critério de parada; isto é: verifique se os critérios descritos em (3.8.10),

(3.8.11) e (4.1.2) são satisfeitos. Caso positivo, pare o processo. Caso contrário, estabeleça os seguintes conjuntos de restrições de igualdade e desigualdade

$$I_E = \left\{ i : \mid g_i(\mathbf{x}^k) \mid > K / \alpha; i = 1, l \right\} \text{ (igualdade)}$$

$$I_I = \left\{ i : \mid \max(g_i(\mathbf{x}^k), -\theta_i^{\ k}) \mid > K / \alpha; i = l+1, m \right\} \text{ (desigualdade)}$$

$$I_{E'} = \left\{ i : \max_{0 \leq t \leq T} \mid g_i(\mathbf{x}^k, t) \mid > K / \alpha; i = m+1, l' \right\} \text{ (igualdade dinâmica)}$$

$$I_{I'} = \left\{ i : \max_{0 \leq t \leq T} \mid \max(g_i(\mathbf{x}^k, t), -\theta_i^{\ k}) \mid > K / \alpha; i = l'+1, m' \right\} \text{ (desigualdade dinâmica)}$$

Passo 4 – Efetue os seguintes acréscimos nos parâmetros de penalidade e multiplicadores.

(a) Se $K_b \geq K$, faça $r_i^{k+1} = \beta r_i^k$ e $\theta_i^{k+1} = \theta_i^k / \beta$ para todo $i \in I_E \cup I_I$; faça $r_i^{k+1} = \beta r_i^k$ e $\theta_i^{k+1} = \theta_i^k / \beta$ para todo $i \in I_{E'} \cup I_{I'}$ e $t \in [0, T]$; isto é, incremente os parâmetros de penalidade sem modificar os multiplicadores de Lagrange. Vá ao passo 5.

(b) Se $K_b < K$, acresce-se θ_i^k, fazendo

$$\theta_i^{k+1} = \theta_i^k + g_i(\mathbf{x}^k); \ i = 1, l$$

$$\theta_i^{k+1} = \theta_i^k + \max(g_i(\mathbf{x}^k), -\theta_i^k); \ i = l+1, m$$

$$\theta_i^{k+1} = \theta_i^k + g_i(\mathbf{x}^k, t); \ i = m+1, l', t \in [0, T]$$

$$\theta_i^{k+1} = \theta_i^k + \max(g_i(\mathbf{x}^k, t), -\theta_i^k); \ i = l'+1, m', t \in [0, T]$$

e vá ao passo 5.

(c) Se $K_b \leq K/\alpha$, faça $K = K_b$ e vá ao passo 5. Senão, faça $r_i^{k+1} = \beta r_i^{k+1}$ e $\theta_i^{k+1} = \theta_i^{k+1} / \beta$ para todo $i \in I_E \cup I_I$; faça $r_i^{k+1} = \beta \, r_i^{k+1}$ e $\theta_i^{k+1} = \theta_i^{k+1} / \beta$ para todo $i \in I_{E'} \cup I_{I'}$ e $t \in [0, T]$. Faça $K = K_b$ e vá ao passo 5.

Passo 5 – Faça $k = k + 1$, e vá passo 2.

5.3 ANÁLISE DE SENSIBILIDADE COM O MÉTODO DAS DIFERENÇAS FINITAS

O cálculo do gradiente do lagrangiano aumentado é denominado análise de sensibilidade. Um dos métodos mais usuais para essa finalidade é o método das diferenças, o qual se divide em três tipos, de acordo com a perturbação adotada: perturbação adiante, perturbação central e perturbação para trás. No presente trabalho são utilizadas as variações do método com perturbação adiante e central.

Para um funcional $\Phi(\mathbf{x})$, onde $\mathbf{x}$ é o vetor n-dimensional das variáveis de projeto, pode-se definir seu gradiente numérico por

$$\frac{d\Phi}{d\boldsymbol{b}} \cong [\phi_i], \ i = 1,...,n \tag{5.18}$$

onde

$$\phi_i = \frac{\Phi(b_1,b_2,...,b_i + \Delta,...,b_n) - \Phi(b_1,b_2,...,b_i,...,b_n)}{\Delta}, \ i = 1,..., n, \tag{5.19}$$

sendo que Δ é a perturbação aplicada à i-ésima variável de projeto no método das diferenças finitas com perturbação adiante, ou

$$\phi_i = \frac{\Phi(b_1,b_2,...,b_i + \Delta,...,b_n) - \Phi(b_1,b_2,...,b_i - \Delta,...,b_n)}{2\Delta}, \ i = 1,..., n, \tag{5.20}$$

sendo que Δ é a perturbação aplicada à i-ésima variável de projeto no método das diferenças finitas com perturbação central.

5.4 MÉTODOS COMPUTACIONAIS E NUMÉRICOS

Para se implementar computacionalmente o método do lagrangiano aumentado é necessária a programação dos métodos numéricos descritos a seguir:

- Relativamente à minimização sem restrições (passo 2), utilizou-se o método dos gradientes com busca unidimensional de Armijo; o cálculo do gradiente do lagrangiano aumentado foi efetuado utilizando diferenças finitas.

- Para se determinar as integrais de (5.18), utilizaram-se dois métodos:

  1. interpolação via splines cúbicos e, a seguir, integração com quadratura de Gauss-Legendre;

  2. regra do trapézio.

- Na resolução dos sistemas lineares utilizou-se decomposição de Cholesky.

- Finalmente, a integração da equação do movimento foi realizada com os métodos:

  1. método de Newmark quando a equação do movimento for linear;

  2. método Runge-Kutta de quarta ordem;

  3. método Runge-Kutta de quinta ordem.

Esses métodos numéricos são descritos no Anexo 1.

Apresentam-se a seguir exemplos de aplicação do lagrangiano aumentado em problemas de otimização.

5.5 EXEMPLO DO USO DO MÉTODO EM PROBLEMAS ESTÁTICOS – TÉCNICAS DE OTIMIZAÇÃO APLICADAS A RESULTADOS EXPERIMENTAIS NO ESTUDO DA REDUÇÃO DA RIGIDEZ FLEXIONAL EM ESTRUTURAS DE CONCRETO ARMADO

5.5.1 INTRODUÇÃO

Uma das verificações pertinentes ao projeto de estruturas é se os deslocamentos apresentados estão dentro dos limites determinados por normas. Em estruturas de concreto armado, em função das especificidades deste tipo de produto, como arranjos das seções, fissuração e redução de rigidez da seção transversal, este cálculo torna-se às vezes impreciso e, nesses casos, as estruturas instaladas acabam por apresentar deslocamentos acima dos previstos. No cálculo estrutural, os fenômenos de fissuração em estruturas de concreto armado são interpretados como uma não linearidade física. Ou seja, as rigidezes dependem dos esforços internos atuantes na estrutura.

Avançando na direção de estudos já realizados sobre a determinação da rigidez efetiva em seções de concreto armado, os quais serão citados adiante, no presente trabalho pretende-se: i) apresentar um procedimento baseado em técnicas de otimização e resultados experimentais para a determinação da rigidez efetiva, e determinar uma equação envolvendo a rigidez efetiva e o nível do esforço atuante para algumas seções de concreto armado centrifugado; ii) explorar os aspectos práticos e teóricos da determinação das perdas de rigidezes, observando se existe uma relação entre as seções onde ocorreram as maiores perdas e as seções que efetivamente rompem em estruturas reais similares.

A metodologia do trabalho baseia-se em comparar os deslocamentos medidos em ensaios de peças em concreto armado com aqueles dados pela integração da linha elástica. O erro entre as flechas reais medidas no ensaio e aquelas dadas pelo modelo teórico adotado é minimizado utilizando-se técnicas de otimização. A função objetivo é o erro quadrático, enquanto as variáveis de projeto são as rigidezes efetivas em cada seção. Restrições são impostas fazendo com que os valores das rigidezes efetivas estejam entre os valores da rigidez da armadura e da seção cheia homogeneizada.

Uma consequência dos resultados destes estudos introdutórios será um cálculo mais preciso dos deslocamentos apresentados por estruturas em concreto armado centrifugado, além de outras possíveis aplicações na previsão da ruína dessas estruturas.

5.5.2 UMA BREVE REVISÃO BIBLIOGRÁFICA

Na análise do concreto armado utilizar-se-ão os conceitos básicos contidos em Sussekind (1979), Fusco (1981), Santos (1994) e NBR-6118 (2003). Uma breve revisão da bibliografia especializada mostrou que a rigidez efetiva de uma seção transversal de uma viga submetida a flexão depende do nível de esforço atuante, bem como do arranjo e das propriedades dos materiais componentes do concreto armado. Uma equação proposta por D. E. Branson em 1963 para o cálculo da rigidez efetiva de uma determinada seção foi incorporada no ACI-318 (1971) e, recentemente, na NBR-6118 (2003). No trabalho de Leite e Miranda (1976) são apresentados programas para a calculadora programável HP 65, segundo o ACI-318/71 e Branson, para avaliação de flechas em vigas fissuradas. Uma avaliação da deformação de lajes nervuradas considerando a não linearidade física foi realizada por Oliveira et al. (1998) e Oliveira, Corrêa e Ramalho (1998), em que foram utilizadas duas formulações para a incorporação da não linearidade física, aplicáveis ao pavimento de concreto armado: a formulação empírica proposta por Branson e um modelo simplificado. Este último baseia-se em uma relação constitutiva entre o momento fletor e curvatura a partir de um diagrama trilinear cujos pontos de inflexão coincidem com os limites dos estádios I, II e III do comportamento mecânico do concreto armado. Uma análise não linear de lajes pré-moldadas com armação treliçada foi realizada por Droppa e Debs (1999). Nele foi realizada uma comparação de valores teóricos com experimentais e simulações numéricas em painéis isolados. Apresenta-se, naquele trabalho, uma análise comparativa de valores teóricos com experimentais para um painel de laje bidirecional e simulações numéricas de casos representativos. O efeito do diagrama momento fletor x esforço normal x curvatura no estudo do estado-limite último de instabilidade em pilares esbeltos de concreto armado foi estudado por Kettermann e Loriggio (2001). No trabalho de Guarda, Lima e Pinheiro (2001) foi apresentado um estudo das disposições da NBR 6118 – Projeto de Estruturas de Concreto, versão de 2000, sobre a análise e o controle de deslocamentos excessivos em vigas e lajes de concreto armado.

Em relação aos processos de otimização, utilizar-se-á o método do lagrangiano aumentado (CHAHANDE; ARORA, 1994). Nos casos a serem analisados, as parcelas de colaboração da rigidez nas seções transversais escolhidas são as variáveis de projeto de um problema de minimização do erro de aproximação entre os deslocamentos medidos no ensaio e os apresentados pelos modelos matemáticos adotados para o cálculo dos deslocamentos. Serão consideradas restrições sobre os valores máximos e mínimos das parcelas das rigidezes. Para transformar esse problema de otimização com restrições em um problema de otimização sem restrições é criado o funcional lagrangiano aumentado. As funções restrições, associadas aos multiplicadores de Lagrange e parâmetros de penalidade, são combinadas com a função objetivo para se obter o funcional. Uma sequência de lagrangianos é desenvolvida variando-se apropriadamente os multiplicadores e os parâmetros de penalidade. O valor mínimo do funcional lagrangiano nessa sequência converge para o menor valor possível do problema inicialmente descrito. Os algoritmos de busca utilizados exigem que as funções objetivo e restrições sejam diferenciáveis em relação às variáveis de projeto. Os problemas envolvidos nesta fase da otimização são denominados de análise de sensibilidade. É nessa fase que se consome a maior parte do tempo computacional. Serão explorados dois métodos: i) o método das variáveis adjuntas, de acordo com Brasil et al. (2001a, 2001b); ii) o método das diferenças finitas, de acordo com Arora (1989). Em uma determinada etapa do processo de cálculo será utilizado o método dos mínimos quadrados, como descrito em Arora (1989).

5.5.3 O ENSAIO DA ESTRUTURA

Foi realizado na pista de testes da SCAC Fundações e Estruturas Ltda., no Jaguaré, cidade de São Paulo, o ensaio de uma estrutura de concreto armado centrifugado de 30 m de comprimento, de seção transversal em anel circular, com diâmetro de 50 cm e parede que varia de 8 a 15 cm. Uma vez que todos os projetos executivos da estrutura eram conhecidos, pôde-se fazer um planejamento adequado das diversas etapas do ensaio. O ensaio teve por objetivo avaliar o desempenho da estrutura no estado-limite de utilização e no estado de limite último. Foram medidos no ensaio os seguintes parâmetros: carga aplicada; deslocamentos em pontos predefinidos; ocorrência e abertura de fissuras; deformação da armadura na base da estrutura; deformação do concreto na base da estrutura; deslocamentos residuais. O ensaio foi executado com a estrutura na posição horizontal. A Figura 5.2 ilustra o esquema de montagem utilizado para a estrutura.

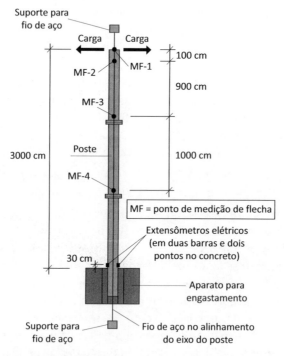

Figura 5.2 Esquema de montagem do ensaio da estrutura de 30 m.

As cargas foram aplicadas em direção perpendicular ao eixo da estrutura e nos dois sentidos. O alinhamento do eixo deverá ser materializado através de fio de aço esticado logo acima da geratriz superior da estrutura e firmemente ancorado em suportes que se mantiveram fixos durante todo o ensaio. A partir do fio de aço foram medidas as flechas nos pontos MFs mostrados na Figura 5.2 e no mínimo a cada 5 m de distância. Foram instalados ao longo da extensão das estruturas apoios rotulados móveis, conforme ilustrado na Figura 5.3, no intuito de minimizar os esforços oriundos da flexão devida ao peso próprio da estrutura e o atrito com o solo.

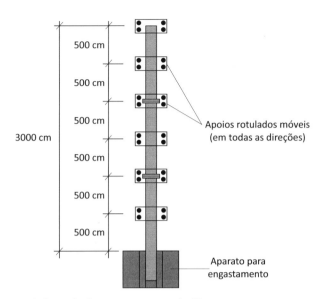

Figura 5.3 Apoios rotulados móveis para a estrutura de 30 m.

O aparato para engastamento foi dimensionado para um carregamento três vezes maior do que o carregamento de ruptura teórico da estrutura. Tal aparelho apresenta dimensão na direção do eixo longitudinal e transversal da estrutura suficiente para permitir embutimento adequado da estrutura.

No ensaio foram aplicadas cargas estáticas no topo da estrutura, produzindo assim esforços de flexão e cisalhamento ao longo de toda a estrutura. Os dinamômetros e equipamentos utilizados nos ensaios foram aferidos por entidades credenciadas pelo Inmetro. Instalada a estrutura na posição de ensaio, assim como os sistemas de aplicação de cargas e de leitura de dados, as cargas foram aplicadas intercaladamente nos sentidos e na posição mostrados na Figura 5.2. As cargas foram aplicadas gradualmente e, após a sua estabilização, foram tomadas as medidas dos parâmetros. As intensidades das cargas aplicadas iniciaram em 5% das cargas de ruptura das estruturas e foram sendo aumentadas gradualmente ao longo das etapas do ensaio até atingir a ruína da estrutura.

Os valores dos parâmetros medidos no ensaio, principalmente os relativos aos deslocamentos e carregamentos aplicados, foram utilizados nos estudos e simulações aqui apresentadas.

5.5.4 UMA INTRODUÇÃO AO ESTUDO DA REDUÇÃO DA RIGIDEZ

Um breve estudo inicial foi realizado para a estrutura de 30 m, e alguns resultados desse estudo são mostrados a seguir.

Considere a equação diferencial da linha elástica dada por

$$EI_{EF}(x)v(x)'' = -M_k(x),\tag{5.21}$$

onde $I_{EF}(x)$, $v(x)$ e $M_k(x)$ são respectivamente o momento de inércia efetivo, o deslocamento e o momento fletor característico numa seção de abscissa x. O módulo de elasticidade do concreto E é calculado em função do fck do concreto de acordo com a NBR-6118 (2003). Para os casos analisados no presente trabalho as condições de contorno são $v(0) = 0$ e $v'(0) = 0$.

O domínio unidimensional da estrutura é o conjunto $D = \{x \in \Re \mid 0 \le x \le L\}$. Dividindo D em n segmentos iguais, tem-se o comprimento de cada segmento dado por $h = L/n$. O domínio da estrutura discretizada passa a ser $D_n = \{x \in \Re \mid x = x_0,\ x_1,\ \cdots\ x_i,\ \cdots\ x_n\}$. Para cada ponto x_i, $i > 0$, no domínio da estrutura determina-se $v_i = v(x_i)$, $v'_i = v'(x_i)$ e $v''_i = v''(x_i)$ utilizando-se o seguinte esquema de integração:

$$v''_i = -\frac{M_k(x_i)}{EI_{EF}(x_i)}$$

$$v'_i = v'_{i-1} + \frac{v''_i + v''_{i-1}}{2}h\tag{5.22}$$

$$v_i = v_{i-1} + \frac{v'_i + v'_{i-1}}{2}h$$

Para cada seção x_i considera-se o valor do momento de inércia efetivo

$$I_{EF}(x_i) = w_i\, I(x_i),\tag{5.23}$$

onde $I(x_i)$ é o momento de inércia da seção x_i cheia e homogeneizada e w_i é a parcela de $I(x_i)$ que efetivamente trabalha durante a flexão. A rigidez da flexão total da seção é definida como $EI(x_i)$, enquanto a rigidez efetiva é $EI_{EF}(x_i)$. Como I_{EF} depende de x_i e de w_i, doravante designar-se-á $I_{EF}(x_i, w_i)$. Como consequência, tem-se $v_i = v(x_i, \mathbf{w})$, sendo o vetor $\mathbf{w} = \begin{bmatrix} w_0 & w_1 & \cdots & w_i & \cdots & w_n \end{bmatrix}^T$.

Considere realizado o ensaio descrito no Item 3. Durante o ensaio foram medidos os deslocamentos reais $v_r(x_i)$ em algumas m seções da estrutura sob um determinado carregamento. O erro de aproximação absoluto quadrático entre os deslocamentos dados por (5.5.2) e aqueles medidos nos ensaios é a soma dos m termos:

$$E_q(\mathbf{w}) = \frac{1}{2}\sum_i \left[v(x_i, \mathbf{w}) - v_r(x_i)\right]^2\tag{5.24}$$

Pode-se formular então o seguinte problema de otimização. Determine $\mathbf{w} \in \Re^n$ que minimize a função objetivo

Programação não linear: o método do lagrangiano aumentado 71

$$f(w) = E_q(w),\qquad(5.25)$$

submetido às restrições:

$$w_s(x_i) \le w_i \le 1, \quad \text{para} \quad i = 0, 1, \ldots, n \qquad(5.26)$$

sendo $w_s(x_i) = I_s(x_i)/I(x_i)$, e I_s é o momento de inércia da armadura longitudinal.

Resolvendo-se o problema acima dado pelas Equações (5.25) e (5.26), obtêm-se as parcelas das rigidezes **w** que realmente trabalharam durante um determinado carregamento. Fazendo os cálculos para todas as hipóteses de carregamento, é possível se estabelecer uma relação entre w_i e $M_k(x_i)/M_u(x_i)$, sendo M_u o momento limite último da seção calculado de acordo com NBR-6118 (2003). Foram realizadas as análises para algumas da estrutura. Os resultados para as seções i = 10 e 14 são mostrados nas Figuras 5.4 e 5.5, respectivamente.

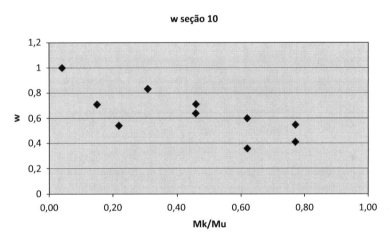

Figura 5.4 Pontos obtidos para a seção 10.

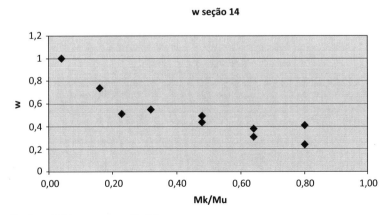

Figura 5.5 Pontos obtidos para a seção 14.

Dos gráficos, observa-se que os pontos se distribuem no entorno de uma tendência (curva). Aplicando-se o método dos mínimos quadrados (ARORA, 1989) para os diversos pontos $[M_{ki}/M_{ui}, w_i] \equiv (x_i, y_i)$ e aproximando-se pelas curvas $y = f(x)$:

(I) $\quad y = ax + b$

(II) $\quad y = ax^3 + bx^2 + cx + d$, (5.27)

(III) $\quad y = a\,sen\{[(\pi/2)/0,8]x\} + b\cos\{[(\pi/2)/0,8]x\}$

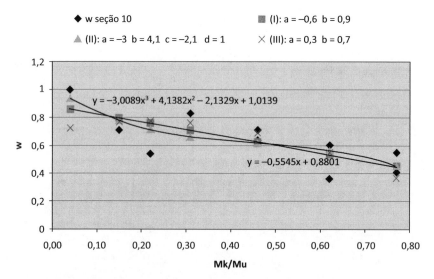

Figura 5.6 Tendências (curvas) obtidas para a seção 10.

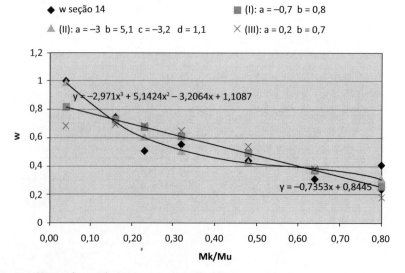

Figura 5.7 Tendências (curvas) obtidas para a seção 14.

Programação não linear: o método do lagrangiano aumentado **73**

Podem-se obter os valores para os coeficientes a, b, c e d. Observe que neste parágrafo $x = M_k/M_u$, enquanto nos parágrafos anteriores x era a abscissa ao longo do eixo longitudinal das estruturas.

Como citado anteriormente, foram analisadas 31 seções e os valores médios dos coeficientes, bem como os valores médios dos erros quadráticos correspondentes a cada aproximação, são mostrados na Tabela 5.1. Os coeficientes obtidos para as seções 10 e 14 são mostrados nas Figuras 5.6 e 5.7. Das Equações (I) a (III) propostas em (5.27), a que apresentou um menor erro quadrático de aproximação foi a (II), seguida pela (I), e o maior erro foi dado pela aproximação da Equação (III). Apesar de a Equação (II) ter apresentado um menor erro quadrático, os valores dos coeficientes flutuaram muito em torno da média. A Equação (I) foi a que apresentou menor flutuação dos valores em torno da média. A Equação (III) apresentou o maior erro e também a maior flutuação em torno da média. Um outro resultado inicial interessante é que a seção da estrutura onde ocorreu a ruína foi a seção que apresentou a maior redução de rigidez em praticamente todas as etapas do ensaio, mesmo nos níveis mais baixos de esforço. A metodologia de análise aqui utilizada pode ser um indicativo da seção mais provável para ocorrer a ruína.

Tabela 5.1 Valores médios dos coeficientes das funções de aproximação

Equação	Valores médios dos coeficientes				Erro quadrático médio
	a	b	c	d	
(I)	−0,7	0,9	–	–	0,088
(II)	−1,5	3,3	−2,5	1,1	0,050
(III)	0,2	0,7	–	–	0,130

5.5.5 CONCLUSÕES

Os resultados obtidos nestes estudos iniciais mostram que é possível determinar uma relação entre a rigidez efetiva e o nível de esforço atuante na seção transversal de uma estrutura de concreto armado. Técnicas de otimização foram utilizadas para processar e analisar resultados de um ensaio realizado com uma estrutura de 30 m.

5.6 EXEMPLO DO USO DO MÉTODO EM PROBLEMAS DINÂMICOS

Estes exemplos foram extraídos do trabalho de Silva (1997).

Um absorvedor de impacto linear (HAUG; ARORA, 1979)

Imaginem um navio se aproximando do porto, conforme a Figura 5.8. Certamente ele irá se chocar com a parede do porto ao atracar. É então necessário a colocação de um dispositivo para absorver seu impacto. O absorvedor de impacto minimiza a aceleração no choque e evita danos tanto à estrutura do ancoradouro quanto à do navio.

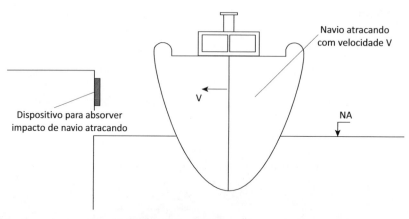

Figura 5.8 Exemplo de aplicação de absorvedor de impacto.

Um modelo matemático de absorvedor de impacto linear de massa M fixada é indicado na Figura 5.9. São adotadas duas variáveis de projeto x_1 e x_2, que representam, respectivamente, o coeficiente elástico e do amortecimento viscoso.

O impacto é representado por uma velocidade inicial v e a equação do movimento é então

$$M\ddot{z}(t) + x_2\dot{z}(t) + x_1 z(t) = 0, \quad t \in [0,12]. \tag{5.28}$$

As condições iniciais são $z(0) = 0$ e $\dot{z}(0) = v$.

O objetivo consiste em minimizar a máxima aceleração da massa e, para tanto, é criada uma variável artificial de projeto x_3 que deve satisfazer

$$\frac{1}{M}|x_2\dot{z}(t) + x_1 z(t)| - x_3 \leq 0, \quad t \in [0,12] \tag{5.29}$$

e a função objetivo é

$$f(x) = x_3. \tag{5.30}$$

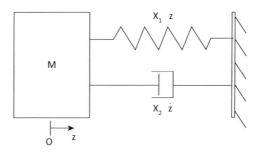

Figura 5.9 Modelo matemático de um absorvedor de impacto linear.

Para se evitar um valor alto para a aceleração no impacto, impõe-se

$$\left(\frac{x_2 v}{M}\right) - x_3 \leq 0 \tag{5.31}$$

Finalmente, o deslocamento máximo deve ser restrito a

$$|z(t)| - z_b \leq 0, \quad t \in [0,12]. \tag{5.32}$$

Outros dados numéricos adotados são $M = 1$, $v = 1$ e $z_b = 1$.

Este exemplo foi resolvido para dois valores iniciais das variáveis de projeto, os casos 1 e 2. Um número de 80 subdivisões nas Tabelas 5.2 a 5.4 e 40 subdivisões nas tabelas 5.5 a 5.7 foram adotadas na discretização do intervalo de tempo [0,12]s.

Tabela 5.2 Valores finais das variáveis de projeto para diferentes valores de x_0

			\multicolumn{6}{c}{X_f}			
		X_0	Newm/Splin	Newm/Trap	Rk4/Splin	Rk4/Trap	Rk5/Splin	Rk5/Trap
CASO 1	X_1	0,300	0,375	0,374	0,375	0,374	0,375	0,374
	X_2	0,200	0,471	0,473	0,470	0,472	0,470	0,472
	X_3	0,300	0,542	0,521	0,541	0,521	0,541	0,523
CASO 2	X_1	0,400	0,378	0,379	0,375	0,376	0,375	0,376
	X_2	0,100	0,468	0,468	0,470	0,470	0,470	0,470
	X_3	0,400	0,521	0,522	0,522	0,521	0,522	0,521

Tabela 5.3 Valores finais da função objetivo para diferentes valores de x_0

	$f(X_0)$	\multicolumn{6}{c	}{$f(X_f)$}
	$f(X_0)$	Newm/Splin	Newm/Trap	Rk4/Splin	Rk4/Trap	Rk5/Splin	Rk5/Trap
CASO 1	0,300	0,542	0,521	0,541	0,521	0,541	0,523
CASO 2	0,400	0,521	0,522	0,522	0,521	0,522	0,521

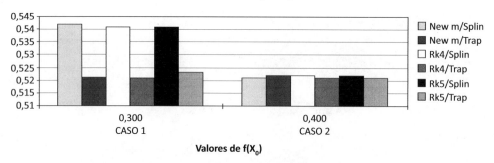

Figura 5.10 Valores finais da função objetivo para diferentes valores de x_0 (Tabela 5.3).

Observa-se na Figura 5.10 que, para o caso 1, o lagrangiano aumentado apresenta melhores valores com a utilização da regra do trapézio para integração das violações de restrições. Na maioria dos casos o valor inicial das variáveis de projeto pouco interfere no valor final de $f(x)$.

Tabela 5.4 Número de minimizações sem restrições para diferentes valores de x_0

	\multicolumn{6}{c	}{K}
	Newm/Splin	Newm/Trap	Rk4/Splin	Rk4/Trap	Rk5/Splin	Rk5/Trap
CASO 1	12	10	12	10	12	10
CASO 2	10	10	18	10	16	10

Programação não linear: o método do lagrangiano aumentado

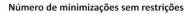

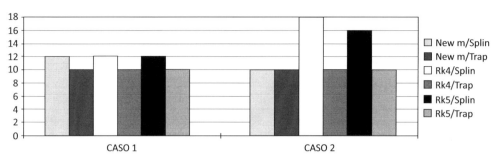

Figura 5.11 Número de minimizações sem restrições para diferentes valores de x_0 (Tabela 5.4).

Observa-se novamente na Figura 5.11 que a solução com a regra do trapézio apresenta um melhor desempenho do que com splines cúbicos.

Tabela 5.5 Valores finais das variáveis de projeto para diferentes valores de x_0

					X_f			
		X_0	Newm/Splin	Newm/Trap	Rk4/Splin	Rk4/Trap	Rk5/Splin	Rk5/Trap
CASO 1	X_1	0,300	0,399	0,376	0,409	0,376	0,408	0,376
	X_2	0,200	0,459	0,474	0,449	0,471	0,448	0,471
	X_3	0,300	0,527	0,523	0,529	0,521	0,529	0,521
CASO 2	X_1	0,400	0,409	0,376	0,565	0,376	0,517	0,376
	X_2	0,100	0,472	0,474	0,509	0,470	0,341	0,470
	X_3	0,400	0,535	0,523	0,616	0,521	0,649	0,521

Tabela 5.6 Valores finais da função objetivo diferentes valores de x_0

				$f(X_f)$			
	$f(X_0)$	Newm/Splin	Newm/Trap	Rk4/Splin	Rk4/Trap	Rk5/Splin	Rk5/Trap
CASO 1	0,300	0,527	0,523	0,529	0,521	0,529	0,521
CASO 2	0,400	0,535	0,523	0,616	0,521	0,649	0,521

Tabela 5.7 Número de minimizações sem restrições para diferentes valores de x_0

	K					
	Newm/Splin	Newm/Trap	Rk4/Splin	Rk4/Trap	Rk5/Splin	Rk5/Trap
CASO 1	10	10	11	10	20	10
CASO 2	11	10	11	10	23	10

Observa-se na Figura 5.12, principalmente no caso 2, que novamente a solução com regra do trapézio apresenta melhores valores que com splines cúbicos, e que o valor inicial de x pouco interferiu no valor final da função objetivo.

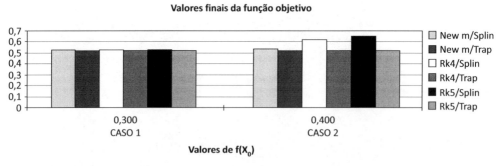

Figura 5.12 Valores finais da função objetivo para diferentes valores de x_0 (Tabela 5.6).

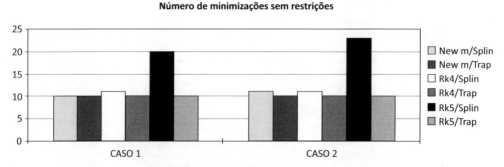

Figura 5.13 Número de minimizações sem restrições para diferentes valores de x_0 (Tabela 5.7).

A Figura 5.13 mostra que o número de minimizações sem restrições com a regra do trapézio é menor do que com splines cúbicos. E, finalmente, a Figura 5.14 mostra novamente melhores resultados com a regra do trapézio do que com splines cúbicos.

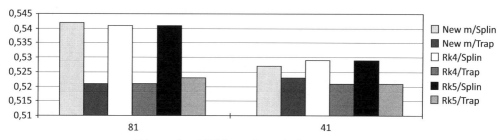

Figura 5.14 Valores finais da função objetivo no caso 1 para diferentes valores de *n*.

5.7 EXEMPLO DO USO DO MÉTODO EM PROBLEMAS DINÂMICOS – OTIMIZAÇÃO DE UM ISOLADOR DE VIBRAÇÃO LINEAR COM DOIS GRAUS DE LIBERDADE

Um bom exemplo da aplicação do método do lagrangiano aumentado em problemas com resposta dinâmica é o isolador de vibração (HAUG; ARORA, 1979). A fundação de motor da Figura 5.15 apresentava problemas de vibração. Engenheiros, tentando resolver esse problema, acrescentaram a ele mais um grau de liberdade, o deslocamento vertical da massa m_2. Na prática, essa massa tem duas principais funções: a) dissipar a energia em forma de vibração emitida pelo motor elétrico da figura abaixo, reduzindo assim o deslocamento imposto à fundação pelo motor; b) fazer com que as frequências de vibração natural do sistema assumam valores diferentes do valor da frequência excitadora.

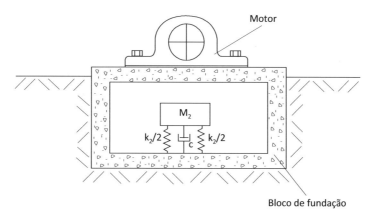

Figura 5.15 Isolador de vibração.

Um modelo matemático desse isolador de vibração é mostrado na Figura 5.6, onde os deslocamentos do sistema são b_1 e b_2. m_1 é igual à massa do bloco de fundação somada à massa do motor e k_1 é a rigidez do solo. Define-se deslocamentos adimensionais $z_1 = b_1/b_{st}$ e $z_2 = b_2/b_{st}$, onde $b_{st} = F/k_1$ é o deslocamento solução para o problema estático.

Os deslocamentos z_1 e z_2 devem satisfazer o sistema de equações diferenciais ordinárias lineares

$$\ddot{z}_1 + \Omega_n^2 z_1 + f^2 \Omega_n^2 \mu (z_1 - z_2) + 2\Omega_n \mu \xi (\dot{z}_1 - \dot{z}_2) = \Omega_n^2 \sin(\Omega_n \zeta t)$$
$$\ddot{z}_2 + f^2 \Omega_n^2 (z_2 - z_1) + 2\Omega_n \xi (\dot{z}_2 - \dot{z}_1) = 0$$
(5.33)

para todo $t \in [0, 0.667]$ s. As condições iniciais são $\mathbf{z}(0) = \mathbf{0}$ e $\dot{\mathbf{z}}(0) = \mathbf{0}$. As amplitudes de vibração no regime estacionário são:

$$z_{1s} = \left[\frac{(2\zeta\xi)^2 + (\zeta^2 - f^2)^2}{z_b} \right]^{1/2} \text{ e}$$

$$z_{2s} = \left[\frac{(2\zeta\xi)^2 + f^4}{z_b} \right]^{1/2}, \text{ onde}$$
(5.34)

$$z_b = (2\zeta\xi)^2 (\zeta^2 - 1 + \mu\zeta^2)^2 + \left[\mu f^2 \zeta^2 - (\zeta^2 - 1)(\zeta^2 - f^2) \right]^2$$

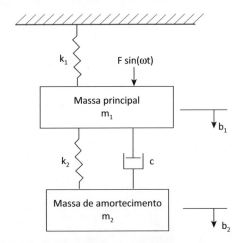

Figura 5.16 Modelo matemático de um isolador de vibração.

O objetivo consiste em determinar constantes elásticas por meio da variável $f = x_1 = \sqrt{(k_2 m_1)/(k_1 m_2)}$ e do amortecimento viscoso $\xi = x_2 = c / \sqrt{(2 m_2 (k_1 m_1)}$ de modo a minimizar x_3, variável artificial de projeto, que representa o máximo deslocamento da massa principal. O sistema é excitado com frequência $\omega = \Omega_n \zeta$, sendo que

Programação não linear: o método do lagrangiano aumentado **81**

$\Omega_n = \sqrt{k_1/m_1}$ é uma frequência de oscilação natural do sistema. Se $\zeta = 1$ o sistema entrará em ressonância, posto isso neste trabalho adotou-se $\zeta = 1,2$. A razão entre as massas é $\mu = m_2/m_1$. Restrições são impostas aos deslocamentos nos regimes transiente e estacionário.

O problema de otimização pode ser apresentado na forma:

Determine x_1, x_2 e x_3 que minimize a função objetivo

$$f(\boldsymbol{x}) = x_3 \tag{5.35}$$

sujeito às restrições dinâmicas

$$|z_1(t)| - x_3 \leq 0, \text{ para todo } t \in [0, 0,667]s \text{ e} \tag{5.36}$$

$$|z_2(t) - z_1(t)| - 2x_3 \leq 0, \text{ para todo } t \in [0, 0,667]s \tag{5.37}$$

Os deslocamentos no regime estacionário são restritos à

$$z_{1s}(f,\xi,\zeta) - a \leq 0 \text{ e} \tag{5.38}$$

$$|z_{2s}(f,\xi,\zeta) - z_{1s}(f,\xi,\zeta)| - 3a \leq 0. \tag{5.39}$$

As restrições sobre os parâmetros de projeto são

$$-x_3 \leq 0 \tag{5.40}$$

$$-x_1 \leq 0 \tag{5.41}$$

$$x_1 - 2,0 \leq 0 \tag{5.42}$$

$$-x_2 \leq 0 \tag{5.43}$$

$$x_2 - 0,16785 \leq 0 \tag{5.44}$$

Os dados numéricos utilizados na resolução do problema são dados a seguir: $m_1g = 10,0$ *lb*, $m_2g = 1,0$ *lb*, e $k_1 = 102$ *lb/in*. Obtém-se então $\mu = 0,1$ e $\Omega_n = 62,78$.

O exemplo foi resolvido para dois valores iniciais das variáveis de projeto, o caso 1 que corresponde um valor inicial de $\boldsymbol{x}$ contido na região viável e o caso 2 que corresponde a um valor de $\boldsymbol{x}$ fora da região viável. Um número de 100 subdivisões nas Tabelas 5.8 à 5.7.3 e 50 subdivisões nas Tabelas 5.11 a 5.13 foram adotadas na discretização do intervalo de tempo $[0, 0,667]s$.

Tabela 5.8 Valores finais das variáveis de projeto para diferentes valores de x_0

		X_0	Newm/Splin	Newm/Trap	Rk4/Splin	Rk4/Trap	Rk5/Splin	Rk5/Trap
CASO 1	X_1	1,600	1,404	1,402	1,489	1,489	1,366	1,381
	X_2	0,020	0,050	0,051	0,014	0,014	0,080	0,058
	X_3	3,189	2,338	2,337	2,299	2,299	2,414	2,439
CASO 2	X_1	0,000	1,424	1,404	1,404	1,404	1,386	1,386
	X_2	0,000	0,027	0,049	0,043	0,043	0,057	0,057
	X_3	0,000	2,359	2,337	2,298	2,298	2,411	2,410

Tabela 5.9 Valores finais da função objetivo para diferentes valores de x_0

	$f(X_0)$	Newm/Splin	Newm/Trap	Rk4/Splin	Rk4/Trap	Rk5/Splin	Rk5/Trap
CASO 1	3,189	2,338	2,337	2,299	2,299	2,414	2,439
CASO 2	0,000	2,359	2,337	2,298	2,298	2,411	2,410

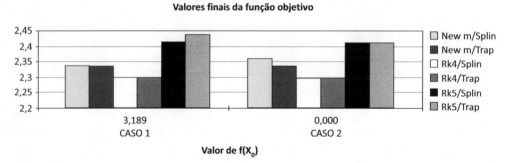

Figura 5.17 Valores finais da função objetivo para diferentes valores de x_0 (Tabela 5.9).

A Figura 5.17 mostra que o valor inicial de **x** pouco interfere no valor final de $f(\mathbf{x})$. As combinações dos métodos com splines cúbicos ou com trapézio apresentam valores semelhantes para a função custo.

Tabela 5.10 Número de minimizações sem restrições para diferentes valores de x_0

	K					
	Newm/Splin	Newm/Trap	Rk4/Splin	Rk4/Trap	Rk5/Splin	Rk5/Trap
CASO 1	12	11	9	8	12	11
CASO 2	35	16	25	25	26	32

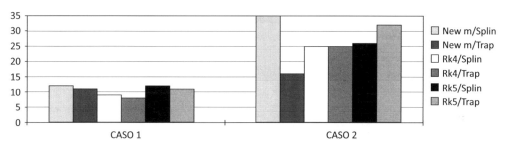

Figura 5.18 Número de minimizações sem restrições para diferentes valores de x_0 (Tabela 5.10).

A Figura 5.18 nos mostra uma sensibilidade do número de minimizações sem restrições ao valor inicial das variáveis de projeto. O valor inicial de **x** no caso 2 apresenta um número maior de minimizações sem restrições do que no caso 1.

Tabela 5.11 Valores finais das variáveis de projeto para diferentes valores de x_0

			X_f					
		X_0	Newm/Splin	Newm/Trap	Rk4/Splin	Rk4/Trap	Rk5/Splin	Rk5/Trap
CASO 1	X_1	1,600	1,446	1,447	1,489	1,489	1,344	1,348
	X_2	0,020	0,082	0,080	0,014	0,014	0,111	0,110
	X_3	3,189	1,853	1,853	2,999	2,299	2,220	2,218
CASO 2	X_1	0,000	1,427	1,425	1,404	1,404	1,354	1,370
	X_2	0,000	0,030	0,059	0,043	0,043	0,053	0,065
	X_3	0,000	2,183	2,075	2,298	2,298	2,697	2,486

Tabela 5.12 Valores finais da função objetivo para diferentes valores de x_0

	f(X_0)	f(X_f)					
		Newm/Splin	Newm/Trap	Rk4/Splin	Rk4/Trap	Rk5/Splin	Rk5/Trap
CASO 1	3,189	1,853	1,853	2,999	2,299	2,220	2,218
CASO 2	0,000	2,183	2,075	2,298	2,298	2,697	2,486

A Figura 5.19 mostra que as combinações com a regra do trapézio apresentam menores valores da função objetivo do que as combinações com splines cúbicos.

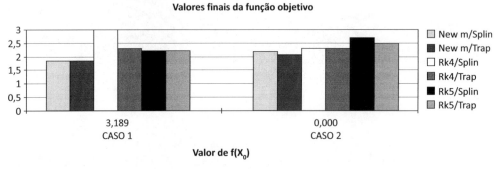

Figura 5.19 Valores finais da função objetivo para diferentes valores de x_0 (Tabela 5.12).

Novamente nas Figuras 5.20 e 2.21 observa-se que o valor inicial de **x** pouco interfere no valor de f(**x**), porém um valor inicial "ruim" (caso 2) produz um número maior de minimizações sem restrições no lagrangiano aumentado.

Tabela 5.13 Número de minimizações sem restrições para diferentes valores de x_0

	K					
	Newm/Splin	Newm/Trap	Rk4/Splin	Rk4/Trap	Rk5/Splin	Rk5/Trap
CASO 1	10	10	9	8	12	11
CASO 2	23	20	25	25	26	36

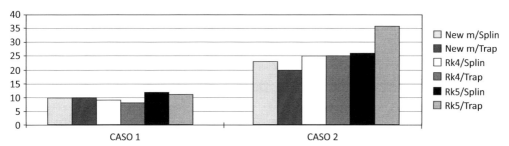

Figura 5.20 Número de minimizações sem restrições para diferentes valores de x_0 (Tabela 5.13).

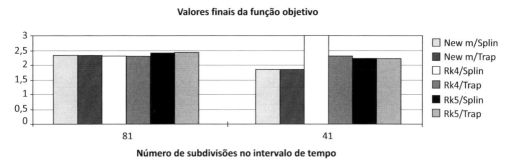

Figura 5.21 Valores finais da função objetivo no caso 1 para diferentes valores de n.

Observa-se uma pequena variação no valor final da função objetivo em relação à variação do número de subdivisões no intervalo de tempo.

5.8 EXEMPLO DO USO DO MÉTODO EM PROBLEMAS DINÂMICOS – SISTEMA DE SUSPENSÃO DE VEÍCULO

O dimensionamento de sistemas mecânicos em regime transiente ocorre também no campo de projeto de suspensão de veículos. Considere, por exemplo, o modelo de veículo com cinco graus de liberdade da Figura 5.22.

O sistema de suspensão deve ser dimensionado de forma a minimizar o valor máximo da aceleração do banco do motorista, para uma determinada velocidade do veículo e superfície de rolamento. Restrições sobre as variáveis de estado e de projeto precisam ser impostas. As variáveis de projeto são as constantes elásticas e do amortecimento viscoso, enquanto as de estado são os deslocamentos dos graus de liberdade.

Na Figura 5.22, m_1 representa a soma das massas do assento e do motorista. O assento possui elasticidade k_1 e viscosidade c_1. A estrutura principal do veículo, denominado de chassis, possui massa m_2, comprimento L e momento de inércia I em relação ao seu centro de gravidade, e é suportada por um sistema de suspensão de elasticidades k_2 e k_3, e amortecimentos c_2 e c_3. As massas do sistema de suspensão são m_3 e m_4. Os pneus do automóvel possuem rigidezes k_4 e k_5 e amortecimentos c_4 e c_5, considerados constantes durante a análise. As funções $f_1(t)$ e $f_2(t)$ representam respectivamente os perfis da superfície de rolamento sob os pneus dianteiro e traseiro. O vetor das variáveis de projeto é $\mathbf{x} = \begin{bmatrix} x_1 & x_2 & x_3 & x_4 & x_5 & x_6 & x_7 \end{bmatrix}^T \equiv \begin{bmatrix} k_1 & k_2 & k_3 & c_1 & c_2 & c_3 & x_7 \end{bmatrix}^T$, sendo que x_7 representa o valor máximo da aceleração do banco do motorista.

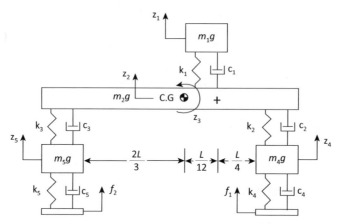

Figura 5.22 Modelo de veículo com cinco graus de liberdade (HAUG; ARORA, 1979).

As equações de estado para o modelo da Figura 5.22 são

$$\begin{bmatrix} m_1 & 0 & 0 & 0 & 0 \\ & m_2 & 0 & 0 & 0 \\ & & I & 0 & 0 \\ & & & m_4 & 0 \\ & & & & m_5 \end{bmatrix} \begin{bmatrix} \ddot{z}_1 \\ \ddot{z}_2 \\ \ddot{z}_3 \\ \ddot{z}_4 \\ \ddot{z}_5 \end{bmatrix} + \begin{bmatrix} c_1 & -c_1 & -(L/12)c_1 & 0 & 0 \\ & c_1+c_2+c_3 & L(c_1/12+c_2/3-2c_3/3) & -c_2 & -c_2 \\ & & L^2(c_1/144+c_2/9+4c_3/9) & -(L/3)c_2 & (2L/3)c_3 \\ & & & c_2+c_4 & 0 \\ & & & & c_3+c_5 \end{bmatrix} \begin{bmatrix} \dot{z}_1 \\ \dot{z}_2 \\ \dot{z}_3 \\ \dot{z}_4 \\ \dot{z}_5 \end{bmatrix}$$

$$+ \begin{bmatrix} k_1 & -k_1 & -(L/12)k_1 & 0 & 0 \\ & k_1+k_2+k_3 & L(k_1/12+k_2/3-2k_3/3) & -k_2 & -k_2 \\ & & L^2(k_1/144+k_2/9+4k_3/9) & -(L/3)k_2 & (2L/3)k_3 \\ & & & k_2+k_4 & 0 \\ & & & & k_3+k_5 \end{bmatrix} \begin{bmatrix} z_1 \\ z_2 \\ z_3 \\ z_4 \\ z_5 \end{bmatrix} = \begin{bmatrix} 0 \\ 0 \\ 0 \\ k_4 f_1(t) + c_4 \dot{f}_1(t) \\ k_5 f_2(t) + c_5 \dot{f}_2(t) \end{bmatrix}$$

(5.45)

para todo $t \in [0,\tau]$, com condições iniciais nulas. Usando a representação matricial, a equação acima pode ser colocada resumidamente na forma

$$\mathbf{M\ddot{z}} + \mathbf{C\dot{z}} + \mathbf{Kz} = \mathbf{p}(t) \text{ para todo } t \in [0,\tau]. \tag{5.46}$$

Pelo fato de as matrizes **M**, **C** e **K** serem simétricas na Equação (5.45), são mostrados apenas os elementos acima da diagonal principal dessas matrizes.

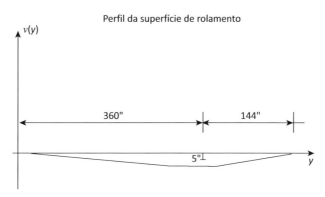

Figura 5.23 Perfil da superfície de rolamento em função do deslocamento horizontal y.

Considerando-se que a velocidade do deslocamento horizontal do veículo é igual a 450 *in/s* e que a superfície de rolamento mostrada na Figura 5.23 possui amplitude igual a 5 *in*, a função $f_1(t)$, perfil da superfície de rolamento sob a roda dianteira, é definida como

$$f_1(t) = \begin{cases} 5,0[1-\cos(1,25\pi t)], & \text{se } t \in [0, 0,8] \\ 5,0\{1+\cos[3,125\pi(t-0,8)]\}, & \text{se } t \in [0,8, 1,2] \\ 0, & \text{se } t \in [1,2, \tau] \end{cases} \quad (5.47)$$

A função $f_2(t)$, perfil da superfície de rolamento sob a roda traseira, deve assumir os mesmos valores que os sob a roda dianteira, porém defasado de 0,2667 *s* (tempo necessário para que a roda traseira se desloque horizontalmente de $L = 120$ *in* - comprimento do chassis). Dessa forma, tem-se

$$f_2(t) = \begin{cases} 0, & \text{para } t \in [0, 0,2667] \\ f_1(t-0,2667), & \text{para } t \in [0,2667, \tau] \end{cases} \quad (5.48)$$

O movimento do veículo é restringido de tal forma que os deslocamentos relativos entre o centro de gravidade (CG) do chassis e o assento do motorista (Equação 5.52), o CG do chassis e o sistema de suspensão (Equações 5.53 e 5.54), e o sistema de suspensão e a superfície de rolamento (Equações 5.55 e 5.56) permaneçam dentro de limites determinados pelo projetista.

O objetivo é minimizar a máxima aceleração do assento do motorista, representada pela Restrição 5.8.6. O problema pode ser apresentado como segue:

Minimizar a função objetivo

$$f(\boldsymbol{x}) = x_7, \quad (5.49)$$

sujeito às restrições dinâmicas: para todo $t \in [0,\tau]$

$$|\ddot{z}_1(t)| - x_7 \leq 0 \tag{5.50}$$

$$|\ddot{z}_1(t)| - 400 \leq 0 \tag{5.51}$$

$$|z_2(t) + (L/12)\, z_3(t) - z_1(t)| - 2 \leq 0 \tag{5.52}$$

$$|z_4(t) - z_2(t) - (L/3)\, z_3(t)| - 5 \leq 0 \tag{5.53}$$

$$|z_5(t) - z_2(t) + (2L/3)\, z_3(t)| - 5 \leq 0 \tag{5.54}$$

$$|z_4(t) - f_1(t)| - 2 \leq 0 \tag{5.55}$$

$$|z_5(t) - f_2(t)| - 2 \leq 0 \tag{5.56}$$

Valores-limite são impostos às variáveis de projeto:

$$-x_i + x_{l\,i} \leq 0,\ i = 1,...,7 \tag{5.57}$$

e

$$x_i - x_{u\,i} \leq 0.\ i = 1,...,7. \tag{5.58}$$

Outros dados numéricos fixados durante o processo de cálculo são $m_1 g = 290\ lb$, $m_2 g = 4500\ lb$, $m_4 g = m_5 g = 96,6\ lb$, $I = 41000\ lb.in.sec^2$, $k_4 = k_5 = 1500\ lb/in$, e $c_4 = c_5 = 5\ lb.s/in$. O valores máximos e mínimos assumidos pelas variáveis de projeto são $\mathbf{x}_l = \begin{bmatrix} 50 & 200 & 200 & 2 & 5 & 5 & 1 \end{bmatrix}^T$ e $\mathbf{x}_u = \begin{bmatrix} 500 & 1000 & 1000 & 50 & 80 & 80 & 500 \end{bmatrix}$ respectivamente. A unidade dos descolamentos z_1, z_2, z_4 e z_5 é a polegada (*in*), do deslocamento z_3 é radiano, e do tempo é segundo (*s*). O valor de $\tau = 2{,}24s$.

O exemplo foi resolvido para dois valores iniciais das variáveis de projeto, o caso 1, que corresponde a um valor inicial de **x** contido na região viável, e o caso 2, que corresponde a um valor de **x** fora da região viável. Um número de 100 subdivisões nas Tabelas 5.14 a 5.16 e 50 subdivisões nas Tabelas 5.17 a 5.19 foram adotadas na discretização do intervalo de tempo $[0, 0{,}667]s$.

Programação não linear: o método do lagrangiano aumentado

Tabela 5.14   Valores finais das variáveis de projeto para diferentes valores de x_0

					X_f			
		X_0	Newm/Splin	Newm/Trap	Rk4/Splin	Rk4/Trap	Rk5/Splin	Rk5/Trap
CASO 1	X_1	50	50	50	50	50	50	50
	X_2	200	200	200	201	213	202	201
	X_3	241	241	241	242	241	243	241
	X_4	13	13	13	23	24	16	23
	X_5	78	78	78	80	73	80	75
	X_6	80	80	80	80	50	80	80
	X_7	258	257	257	258	261	258	257
CASO 2	X_1	0	52	52	62	62	55	62
	X_2	0	211	211	255	255	219	254
	X_3	0	211	211	298	292	249	293
	X_4	0	13	13	19	19	33	19
	X_5	0	10	10	80	80	79	80
	X_6	0	10	10	79	62	76	64
	X_7	0	257	257	319	320	257	320

Tabela 5.15   Valores finais da função objetivo para diferentes valores de x_0

				$f(X_f)$			
	$f(X_0)$	Newm/Splin	Newm/Trap	Rk4/Splin	Rk4/Trap	Rk5/Splin	Rk5/Trap
CASO 1	258,000	257,000	257,000	258,000	261,000	258,000	257,000
CASO 2	0,000	257,000	257,000	319,000	320,000	257,000	320,000

A Figura 5.24 mostra uma pequena sensibilidade do método dos multiplicadores em relação ao valor inicial de **x**. Observa-se também que as combinações com o método de Newmark apresentaram praticamente os mesmos valores para a $f(\mathbf{x})$. Esse fato mostra que os valores da função objetivo apresentados por essas combinações são mais estáveis em relação à variação de $\mathbf{x}_0$.

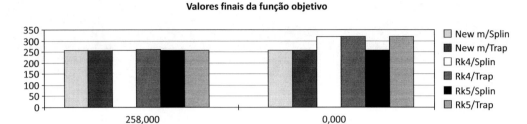

Figura 5.24 Valores finais da função objetivo para diferentes valores de x_0 (Tabela 5.14).

Tabela 5.16 Número de minimizações sem restrições para diferentes valores de x_0

	\multicolumn{6}{c}{K}
	Newm/Splin	Newm/Trap	Rk4/Splin	Rk4/Trap	Rk5/Splin	Rk5/Trap
CASO 1	11	10	11	15	13	14
CASO 2	21	21	14	15	23	14

A Figura 5.25 mostra que o número de minimizações sem restrições foram maiores no caso 2 do que no caso 1.

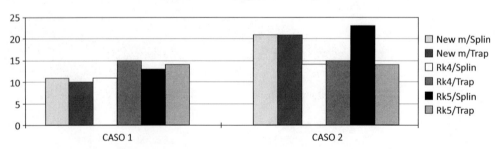

Figura 5.25 Número de minimizações sem restrições para diferentes valores de x_0 (Tabela 5.16).

Programação não linear: o método do lagrangiano aumentado

Tabela 5.17 Valores finais das variáveis de projeto para diferentes valores de x_0

			X_f					
		X_0	Newm/Splin	Newm/Trap	Rk4/Splin	Rk4/Trap	Rk5/Splin	Rk5/Trap
CASO 1	X_1	50	50	50	50	51	50	50
	X_2	200	200	200	238	228	202	201
	X_3	241	241	241	275	242	243	241
	X_4	13	13	13	23	24	16	23
	X_5	78	78	78	80	78	80	77
	X_6	80	80	80	80	50	80	80
	X_7	258	257	257	258	258	258	257
CASO 2	X_1	0	52	52	62	62	55	62
	X_2	0	211	211	254	254	219	254
	X_3	0	211	211	298	292	249	292
	X_4	0	13	13	19	19	33	19
	X_5	0	10	10	80	80	79	80
	X_6	0	10	10	79	62	76	64
	X_7	0	257	257	319	320	257	320

Tabela 5.18 Valores finais da função objetivo para diferentes valores de x_0

			$f(X_f)$				
	$f(X_0)$	Newm/Splin	Newm/Trap	Rk4/Splin	Rk4/Trap	Rk5/Splin	Rk5/Trap
CASO 1	258,000	257,000	257,000	258,000	258,000	258,000	257,000
CASO 2	0,000	257,000	257,000	319,000	320,000	257,000	320,000

Novamente na Figura 5.26 se observa que os valores finais da função objetivo são pouco sensíveis ao valor inicial de **x**.

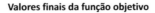
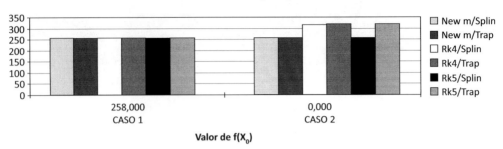

Figura 5.26 Valores finais da função objetivo para diferentes valores de x_0 (Tabela 5.18).

Tabela 5.19 Número de minimizações sem restrições para diferentes valores de x_0

	K					
	Newm/Splin	Newm/Trap	Rk4/Splin	Rk4/Trap	Rk5/Splin	Rk5/Trap
CASO 1	11	10	15	15	14	14
CASO 2	21	19	14	15	23	14

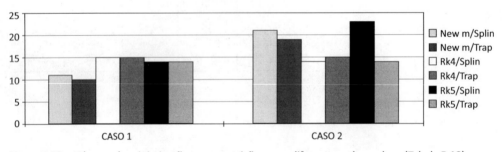

Figura 5.27 Número de minimizações sem restrições para diferentes valores de x_0 (Tabela 5.19).

Já a Figura 5.27 mostra que valores de $\mathbf{x}_0$ fora da região viável produz um número maior de minimizações sem restrições do que valores contidos na região viável. Ainda se observa um melhor desempenho das combinações com trapézio do que as combinações com splines cúbicos.

Programação não linear: o método do lagrangiano aumentado 93

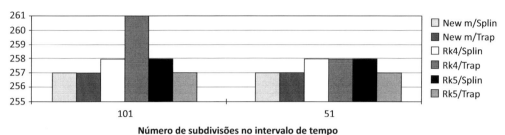

Figura 5.28 Valores finais da função objetivo no caso 1 para diferentes valores de *n*.

A Figura 5.28 mostra que as combinações com os métodos de Newmark e Runge-Kutta de quinta ordem praticamente não apresentam sensibilidade em relação à variação do número de subdivisões no intervalo de tempo. Com o método de Newmark obtêm-se menores valores para a função objetivo.

CAPÍTULO 6
A utilização do MATLAB para a solução de problemas de otimização

Neste capítulo, serão apresentadas rotinas de otimização incluídas no programa (aplicativo) MATLAB. Esse programa é uma ferramenta de análise e simulação numérica extremamente amigável ao usuário. Ele facilita, em particular, o uso de vetores e matrizes, daí advindo seu nome, que pode ser traduzido como Laboratório de Matrizes.

O pacote de instalação do programa MATLAB pode incluir várias caixas de ferramentas (*tool boxes*), cada uma dedicada a uma aplicação específica, reunindo algoritmos pré-programados daquela área. Aqui será usada a *tool box* de otimização.

Neste livro *não* são apresentadas as ideias básicas do programa nem seus comandos usuais. Para isso, o leitor deve procurar algum dos vários bons livros existentes sobre esse assunto e será considerado que ele saiba usar as ferramentas básicas do programa (aplicativo).

6.1 FUNÇÕES DE OTIMIZAÇÃO DO MATLAB

A caixa de ferramentais de otimização do MATLAB inclui as seguintes seis funções básicas.

`fminbnd` – Otimização de função de uma variável dentro de intervalo fixo, isto é:

encontre $x \in [x_L \ x_U]$ que minimize $f(x)$

`fminunc`, `fminsearch` – Minimização sem restrições de funções várias variáveis, isto é:

encontre $\mathbf{x}$ que minimiza $f(\mathbf{x})$

fmincon – Minimização com restrições de funções várias variáveis, isto é:

encontre $\mathbf{x}$ que minimiza $f(\mathbf{x})$ sujeita a

$$\mathbf{Ax} \le \mathbf{b},\ \mathbf{Nx} = \mathbf{e}$$

$$g_i(\mathbf{x}) \le 0,\ i = 1,...,m$$

$$h_j(\mathbf{x}) \le 0,\ j = 1,...,p$$

$$x_{iL} \le x_i \le x_{iU}$$

linprog – Programação linear, isto é:

encontre $\mathbf{x}$ que minimiza $f(\mathbf{x}) = \mathbf{c}^{\mathrm{T}}\mathbf{x}$ sujeita a

$$\mathbf{Ax} \le \mathbf{b},\ \mathbf{Nx} = \mathbf{e}$$

quadprog – Programação quadrática, isto é:

encontre $\mathbf{x}$ que minimiza $f(\mathbf{x}) = \mathbf{c}^{\mathrm{T}}\mathbf{x} + \dfrac{1}{2}\mathbf{x}^{\mathrm{T}}\mathbf{Hx}$ sujeita a

$$\mathbf{Ax} \le \mathbf{b},\ \mathbf{Nx} = \mathbf{e}$$

Essas funções emitem saídas que o usuário deve verificar:

x – é o vetor ou matriz solução encontrado pela função de otimização utilizada. Se ExitFlag> 0, então x é a solução; se não, x é o último valor obtido pela função.

FunValue – o valor da função objetivo, ObjFun, na solução x.

ExitFlag – O código de condição de saída da função de otimização. Se ExitFlag> 0, então x é a solução; se não, x é o último valor obtido pela função; se nulo, foi atingido o número máximo de avaliações da função objetivo; se negativo, a rotina não convergiu para uma solução.

Output – É uma estrutura de saída da função de otimização que contém informações sobre o processo. Fornece o número de avaliações da função objetivo (Output.iterations), o nome do algoritmo utilizado na solução do problema (Output.algorithm), multiplicadores de Lagrange para as restrições etc.

O problema deve ser formulado como um programa principal que aciona uma sub-rotina de otimização do MATLAB, que, por sua vez, chama uma sub-rotina que contém a função objetivo. A forma geral do comando é

```
[x, FunValue, ExitFlag, Output]=fminX('ObjFun', ..., options)
```

onde ObjFun é o nome de um subprograma, um arquivo .m, que contém a função objetivo a ser chamada pela função de otimização, e options são parâmetros da função de otimização que se queira mudar em relação aos valores padrão (*default*) pré-programados. Essa sub-rotina pode também conter o gradiente da função objetivo,

A utilização do MATLAB para a solução de problemas de otimização   **97**

se necessário. Em problemas com restrições, uma sub-rotina contendo essas restrições e seus gradientes também é necessária.

6.2 EXEMPLOS DE UTILIZAÇÃO DAS FUNÇÕES DE OTIMIZAÇÃO DO MATLAB

6.2.1 OTIMIZAÇÃO SEM RESTRIÇÕES

a) Minimizar $f(x) = 2 - 4x + e^x$, no intervalo $-10 \leq x \leq 10$

Resposta: $x = 1,3863$; nesse ponto, a função objetivo vale $0,4548$.

Programa principal:

```
%minimização sem restrições de função de 1 variável
%nome do arquivo Ex_1.m
%Minimizar f(x)=2-4x_exp(x)
clear all
%limite inferior e superior
Lb=-10;Ub=10;
%chamada da função de otimização fminbnd
% o argumento ObjFunction_1 refere-se ao
%arquivo que contém a função objetivo a ser minimizada
[x,FunVal,ExitFlag,Output]=fminbnd('ObjFunction_1',Lb,Ub)
```

Sub-rotina com a função objetivo:

```
%nome do arquivo ObjFunction_1.m
%otimização sem restrições de função de 1 variável
function f=ObjFunction7_1(x)
f=2-4*x+exp(x);
```

b) Minimizar $f(\mathbf{x}) = 100\left(x_2 - x_1^2\right) + \left(1 - x_1\right)^2$, começando em $\mathbf{x_0} = \left(-1,2 \quad 1,0\right)$

Programa principal (via 3 métodos diferentes)

Resposta: $\mathbf{x} = (1,0\ 1,0)$; nesse ponto a função objetivo se anula.

```
%nome do arquivo Ex_2
%otimização sem restrições função de várias variáveis
```

```
%função vale de Rosenbruck com gradiente analítico
%da função objetivo
clear all
%valores iniciais
x0=[-1.2,1];
%chamada das rotinas de otimização sem restrições
%1. Nelder-Mead simplex method, fminsearch
%definição das opções da rotina
options=optimset('LargeScale','off','MaxFunEvals',300);
[x1,FunValue1,ExitFlag1,Output1]=...
   fminsearch('ObjAndGrad_2',x0,options)
%2. BFGS method, fminunc
%definição das opções da rotina
options=optimset('LargeScale','off','MaxFunEvals',300,...
   'GradObj','on');
[x2,FunValue2,ExitFlag2,Output2]=...
   fminunc('ObjAndGrad_2',x0,options)
%3. DFP method, fminunc, HessUpdate=dfp
%definição das opções da rotina
options=optimset('LargeScale','off','MaxFunEvals',500,...
   'GradObj','on','HessUpdate','dfp');
[x3,FunValue3,ExitFlag3,Output3]=...
   fminunc('ObjAndGrad_2',x0,options)
```

Sub-rotina com a função objetivo e seu gradiente:

```
%nome do arquivo ObjAndGrad_2
%função vale de Rosenbrock
function [f,df]=ObjAndGrad7_2(x)
%renomear a variavel de projeto x
x1=x(1);x2=x(2);
%avaliar a função objetivo
```

```
f=100*(x2-x1^2)^2+(1-x1)^2;
%avaliar o gradiente da função objetivo
df(1)=-400*(x2-x1^2)*x1-2*(1-x1);
df(2)=200*(x2-x1^2);
```

6.2.2 OTIMIZAÇÃO COM RESTRIÇÕES

Minimizar $f(\mathbf{x}) = (x_1 - 10)^3 + (x_2 - 20)^3$, sujeita a

$$g_1 = 100 - (x_1 - 5)^2 - (x_{21} - 5)^2 \leq 0$$

$$g_1 = -82,81 - (x_1 - 6)^2 - (x_{21} - 5)^2 \leq 0$$

$$13 \leq x_1 \leq 100, \quad 0 \leq x_2 \leq 100$$

Resposta: $\mathbf{x}$ = (14,095 0,84296); nesse ponto a função objetivo vale -6961,8.

Programa principal:
```
%nome do arquivo Ex_3
%minimização de função com restrições e gradientes conhecidos
clear all
%definir opções, escala, máximo n de avaliações de função,
%gradiente da função objetivo, gradiente das restrições, tolerâncias
options=optimset('LargeScale','off','GradObj','on',...
   'GradConstr','on','TolCon',1e-8,'TolX',1e-8);
%limites para as variáveis
Lb=[13;0];Ub=[100;100];
%chute inicial
x0=[20.1;5.84];
%chamada da função fmincon;
% quatro [] indica não existência de restrições lineares
[x,FunVal,ExitFlag,Output]=...
   fmincon('ObjAndGrad_3',x0,[],[],[],[],Lb,...
   Ub,'ConstAndGrad_3',options)
```

Sub-rotina da função objetivo e seu gradiente:

```
%nome do arquivo ObjAndGrad_3
function [f,gf]=ObjAndGrad_3(x)
%renomear variáveis x
x1=x(1);x2=x(2);
%avaliar a função objetivo
f=(x1-10)^3+(x2-20)^3;
%avaliar o gradiente da função objetivo
if nargout>1
  gf(1,1)=3*(x1-10)^2;
  gf(2,1)=3*(x2-20)^2;
end
```

Sub-rotina das equações de restrição e seus gradientes:

```
%nome do arquivo ConstAndGrad_3
function [g,h,gg,gh]=ConstAndGrad7_3(x)
% g fornece as restrições de desigualdade e h as de igualdade
%gg fornece os gradientes das desigualdades; cada coluna um gradiente
%gh fornece os gradientes das igualdades; cada coluna um gradiente
%renomear variaveis x
x1=x(1);x2=x(2);
%avaliar as restrições de desigualdade
g(1)=100-(x1-5)^2-(x2-5)^2;
g(2)=-82.81+(x1-6)^2+(x2-5)^2;
%restrições de igualdade (nenhuma)
h=[];
%avaliar os gradientes das restrições
if nargout>1
  gg(1,1)=-2*(x1-5);
  gg(2,1)=-2*(x2-5);
  gg(1,2)=2*(x1-6);
  gg(2,2)=2*(x2-5);
  gh=[];
end
```

6.2.3 EXEMPLO DA ENGENHARIA DE ESTRUTURAS

Minimizar a massa de uma coluna de aço tubular engastada na base e livre na extremidade superior onde é aplicada uma carga de compressão excêntrica (ARORA, 2012).

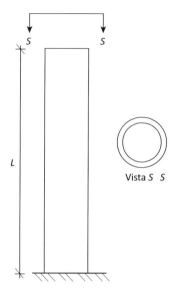

Figura 6.1 Coluna a ser otimizada.

Dados:

- P carga vertical de compressão, 100 KN
- e excentricidade de aplicação da carga, 2% do raio médio da seção
- L comprimento da coluna, 5 m
- R raio médio da seção, m
- t espessura da parede da seção, m
- E módulo de elasticidade, 210 GPa
- $\bar{\sigma}$ tensão normal admissível, 250 MPa
- Δ deslocamento lateral admissível, 0,25 m
- ρ densidade, 7850 kg/m^3
- A área da seção transversal, $2\pi R t$, m^2
- I momento de inércia da seção transversal, $\pi R^3 t$, m^4
- W módulo resistente à flexão, $\pi R^2 t$, m^3

Da Resistência dos Materiais, tiram-se as expressões de projeto que se seguem.

Tensão normal:

$$\sigma = \frac{P}{A}\left[1 + \frac{eA}{W}\sec\left(L\sqrt{\frac{P}{EI}}\right)\right] \leq \bar{\sigma}$$

Carga crítica de flambagem:

$$P_{cr} = \frac{\pi^2 EI}{4L^2} \geq P$$

Deslocamento lateral:

$$\delta = e\left[\sec\left(L\sqrt{\frac{P}{EI}}\right) - 1\right] \leq \Delta$$

Além dessas restrições dadas pela Resistência dos Materiais, serão impostas também as condições de projeto de que

$$\frac{R}{t} \leq 50 \quad e \quad 0,01 \leq R \leq 1, \quad 0,005 \leq t \leq 0,2$$

As variáveis de projeto são, como é claro, o raio da seção (x1) e a espessura da parede de aço (x2), A função objetivo a minimizar é a massa da coluna ρLA.

Resposta: $R = 0,0537$ m; $t = 0,0050$ m.

Programa principal:

```
%nome do arquivo coluna.m
%otimização de coluna tubular de aço com carga excêntrica
%Prof. Reyolando Brasil 01/02/2016
clear all
%opções
options=optimset('LargeScale','off','TolCon',1e-8,'TolX',1e-8);
%limites das variáveis de projeto, espessura e raio
Lb=[0.01 0.005];Ub=[1 0.2];
%projeto inicial
x0=[1 0.2];
```

A utilização do MATLAB para a solução de problemas de otimização   **103**

```
%chamada da rotina de otimização com restrições
[x,FunVal,ExitFlag,Output]=...
   fmincon('coluna_objf',x0,[],[],[],[],Lb,Ub,'coluna_conf',options)
%
```

Sub-rotina com a função objetivo:

```
%nome do arquivo coluna_objf.m
%função objetivo do problema da coluna tubular de aço com carga ex-
cêntrica
%01/02/2016 Prof. Reyolando Brasil
function f=coluna_objf(x)
%renomeando as variáveis de projeto
x1=x(1);x2=x(2);
%dados de entrada
L=5.0;%comprimento da coluna (m)
rho=7850;%densidade do aço (kg/m^3)
%função objetivo a minimizar
A=2*pi*x1*x2;
f=A*L*rho; %massa da coluna
%
```

Sub-rotina com as funções de restrição:

```
%nome do arquivo coluna_conf.m
%restrições do problema da coluna tubular de aço com carga excêntrica
%01/02/2016 Prof. Reyolando Brasil
function [g,h]=coluna_conf(x)
%renomeando as variáveis de projeto
x1=x(1);x2=x(2);
%dados de entrada
P=50000;%carga vertical de compressão (N)
E=210e9;%módulo de elasticidade (Pa)
L=5.0;%comprimento da coluna (m)
```

```
Sy=250e6;%tensão admissível (Pa)

Delta=0.25;%deslocamento admissível do topo da coluna

%características geométricas

A=2*pi*x1*x2;%área da seção

W=pi*x1^2*x2;%módulo resistente à flexão

I=pi*x1^3*x2;%momento de inércia

e=0.02*x1;%excentricidade do carregamento

%restrições de desigualdade

g(1)=P/A*(1+e*A/W*sec(L*sqrt(P/E/I)))/Sy-1;%tensão admissível

g(2)=1-pi^2*E*I/4/L^2/P;%flambagem

g(3)=e*(sec(L*sqrt(P/E/I))-1)/Delta-1;%deslocamento topo coluna

g(4)=x1/x2/50-1;%relação Raio/espessura

%restrições de igualdade (não há)

h=[];
```

CAPÍTULO 7
A utilização do Solver do Excel para a solução de problemas de otimização

O Solver é um suplemento do Microsoft Excel (ou simplesmente Solver) e pode ser utilizado para a solução de problemas de otimização. Os principais tipos de problemas resolvidos são:

- programação linear com o Simplex;
- programação não linear com o método do gradiente reduzido generalizado (GRD);
- programação discreta.

No caso dos problemas contínuos não lineares, o Solver usa uma versão do GRG (*generalized reduced gradient*), que em português tem o nome de gradiente reduzido generalizado. O método GRG é baseado em programação quadrática. A ideia do método é encontrar uma direção de busca tal que as restrições ativas permaneçam ε-ativas para pequenos movimentos no espaço das variáveis de projeto e utilizar o método de Newton Raphson para retornar às bordas das restrições quando estas não são ε-ativas. O GRG do Excel oferece tanto o método dos gradientes conjugados quanto o de Newton para determinar a direção de busca.

No presente livro será descrita a otimização para problemas contínuos e será mostrado um exemplo prático de otimização não linear.

7.1 INSTALANDO O EXCEL SOLVER

Para ter o Solver disponível em seu Microsoft Excel basta seguir os passos descritos a seguir.

1. No Excel 2010, clique em **Arquivo > Opções**

   Observação: no Excel 2007, clique no **Botão Microsoft Office** e em **Opções do Excel**.

2. Clique em **Suplementos** e, na caixa **Gerenciar**, selecione **Suplementos do Excel**.

3. Clique em **Ir**.

4. Na caixa **Suplementos disponíveis**, marque a caixa de seleção **Solver Add-in** e clique em **OK**.

   a) **Dica:** se o suplemento Solver não estiver listado na caixa **Suplementos disponíveis**, clique em **Procurar** para localizá-lo.

   b) Se você for avisado de que o suplemento Solver não está atualmente instalado no seu computador, clique em **Sim** para instalá-lo.

5. Depois de carregar o suplemento Solver, o comando **Solver** estará disponível no grupo **Análise**, na guia **Dados**.

7.2 A JANELA DO SOLVER

A janela de comunicação e comandos do Solver é mostrada na Figura 7.1. Segue descrição das principais janelas de comunicação:

a) Na janela sobre a função objetivo, deve ser escolhida a célula da planilha do Excel onde está escrita a equação da função objetivo, em função direta ou indireta das variáveis de projeto.

b) Em opção de otimização deve ser escolhido se o objetivo é minimizar, maximizar ou tornar nula a função objetivo.

c) Na janela "Alterando Células Variáveis" devem ser indicadas as células onde se encontram as variáveis de projeto, ou seja, as células de *input* das variáveis de projeto; nestas células não devem existir fórmulas, mas números de *input*.

d) Na janela "Sujeito às Restrições" devem ser descritas as equações das restrições; tem-se aqui a opção de adicionar, alterar ou remover uma determinada restrição; como sugestão, evite utilizar expressões matemáticas nesta janela, descreva as expressões na planilha do Excel e aqui use apenas expressões do tipo uma determinada célula "=0"ou "<=0" ou ">=0" etc.

e) Em método de otimização deve ser escolhido o método utilizado, entre programação linear, GRG ou otimização discreta.

f) Em opções existem diversas opções relativas tanto ao cálculo numérico quanto a alguns métodos a serem utilizados.

g) Após toda a formulação estar definida, clica-se em resolver para acionar o Solver e ter a solução. Para maiores informações deve-se consultar o *help* do Microsoft Excel.

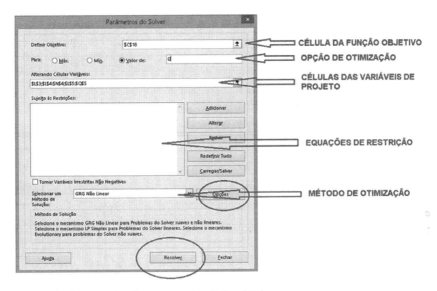

Figura 7.1 Janela de comunicação e comandos do Excel Solver.

7.3 EXEMPLO 1 – UTILIZAÇÃO DO SOLVER PARA O CÁLCULO DE AUTOVALOR DE UM PROBLEMA DE DINÂMICA DAS ESTRUTURAS

Dada uma estrutura, como a mostrada na Figura 7.2, a partir de suas propriedades geométricas e mecânicas podem-se obter as suas frequências naturais de vibração.

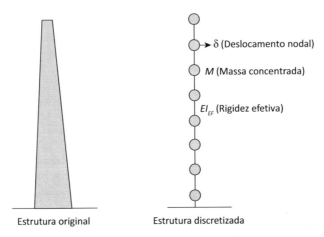

Figura 7.2 Estrutura de uma torre de telecomunicação discretizada.

108 *Otimização de projetos de engenharia*

As frequências naturais de vibração são determinadas com a solução da equação característica:

$$\text{Det}(\mathbf{K} + \lambda\mathbf{M}) = 0. \tag{7.1}$$

Nesta equação, $\mathbf{K}$ é a matriz de rigidez, de ordem nxn, sendo n o número de graus de liberdade do sistema, $\mathbf{M}$ a matriz de massa, também nxn, e λ o autovalor. Observe que a Equação (7.1) é um polinômio em λ de ordem n, portanto possui n raízes. As raízes λ_i são denominadas de autovalores do sistema e a frequência natural de vibração é dada por:

$$\omega_i = \sqrt{\lambda_i}, \tag{7.2}$$

sendo que ω_i é denominada frequência circular e

$$f_i = \frac{\omega_i}{2\pi} \tag{7.3}$$

frequência cíclica. A menor (primeira) frequência natural da estrutura é denominada de frequência fundamental, a qual é uma importante informação, visto que, por meio dela, pode-se verificar a necessidade ou não de se realizar uma análise dinâmica, no caso de estruturas submetidas a carregamento do vento, bem como o "risco" de uma eventual ressonância no caso do projeto de fundação de máquinas.

A seguir será mostrada a determinação do menor autovalor e da frequência fundamental da estrutura de uma torre de energia eólica fabricada em aço. Na Tabela 7.1 é mostrada uma breve descrição das características da geometria desta torre, onde Hfs é a altura foram do solo, "Dim. topo " e "Dim. Eng" são os diâmetros da estrutura respectivamente no topo e na base, enquanto "Esp. topo" e "Esp. Eng" são as espessuras no topo e na base, respectivamente.

Tabela 7.1 Geometria da torre de energia eólica

Hfs:	60,0 m		
Dim. topo:	200,00 cm	Dim. Eng.:	708,04 cm
Esp. topo:	0,93 cm	Esp. Eng.:	1,03 cm

Além da geometria da estrutura que deve ser utilizada para a determinação da matriz de rigidez, deve-se considerar a densidade de 7850 kg/m^3 e uma massa concentrada no topo de 104000 kg. Para o cálculo a estrutura foi discretizada em 40 elementos de comprimentos iguais. Cada nó possui dois graus de liberdade, sendo um de deslocamento horizontal e outro de rotação em torno de um eixo horizontal perpendicular ao plano da Figura 7.2. Com isso é possível se determinar a matriz de rigidez **K** e de massa **M** da estrutura discretizada.

Na Tabela 7.2 são mostradas, entre outras, a função objetivo e a variável de projeto para o projeto inicial. Observe que lamb é o autovalor e variável de projeto, f é calculada segundo (7.2) e (7.3), Det é o determinante mostrado na Equação (7.1). Observe que o valor de Det é diferente de zero e no ponto ótimo deve ser igual a zero ou um número pequeno, dada a precisão adotada. A frequência fundamental calculada com um programa baseado no método dos elementos finitos é f-fem, "Erro aprox" é o erro percentual entre o valor de f e f-fem, e escala é um fator de escala utilizado para evitar que o valor do determinante seja muito grande ou muito pequeno.

Tabela 7.2 Projeto inicial

Cálculo do auto-valor			
lam b =	40,000	(rad/s)^2	(auto-valor inicial)
f =	1,01	Hz	(frequência fundamental inicial)
Det =	-1,40E+02		(equação característica)
escala =	8		(fator escala)
f-fe m =	0,62	Hz	(frequência calculada com o MEF)
Erro aprox =	61,2363%		(erro entre a frequência do solver e do MEF)

Na Tabela 7.3 é mostrado o projeto final obtido. Observe que o determinante da equação característica é um número muito pequeno, próximo de zero, e o erro do valor da frequência fundamental é da ordem de 10^{-7}, resultado bastante satisfatório (ótimo).

Tabela 7.3 Projeto final obtido pelo Solver

Cálculo do auto-valor			
lam b =	15,386	(rad/s)^2	(auto-valor do projeto final)
f =	0,62	Hz	(frequência fundamental do projeto final)
Det =	1,78E-05		(equação característica)
escala =	8		(fator escala)
f-fe m =	0,62	Hz	(frequência calculada com o MEF)
Erro aprox =	-0,00001%		(erro entre a frequência do solver e do MEF)

A janela de comunicação do Solver para o problema é mostrada na Figura 7.3.

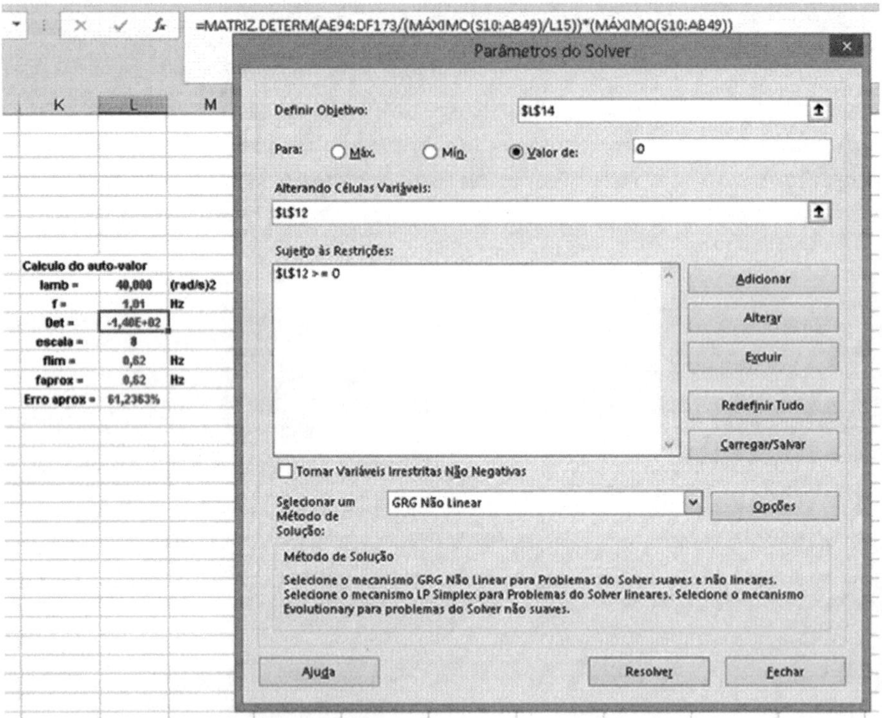

Figura 7.3 Janela de comunicação do Solver.

Observe nessa figura que a célula L14 (Det) é a função objetivo, a qual deve ser nula, a célula L12 é a variável de projeto e a restrição imposta é que a variável de projeto seja positiva. Optou-se também pela utilização do GRG para a solução do problema de otimização.

7.4 EXEMPLO 2 – UTILIZAÇÃO DO SOLVER PARA A OTIMIZAÇÃO DA MASSA DE UMA TORRE DE ENERGIA EÓLICA (ROCHA; SILVA; BRASIL, 2016)

O procedimento descrito no Exemplo 1 (Seção 7.3) será utilizado neste problema para a determinação da frequência fundamental da estrutura. Entretanto a minimização da massa é um problema de otimização e a determinação da frequência fundamental é um problema de otimização dentro de outro problema de otimização.

7.4.1 INTRODUÇÃO

A otimização é responsável, entre outras funções, pela minimização de custos. Nesse trabalho, os exemplos incluem o design de grandes estruturas, projetadas em aço, submetidos a carregamentos dinâmicos. Mais especificamente torres para suporte de turbinas geradoras, aqui chamadas torres para turbina eólica (TTV).

Um dos meios mais limpos de produzir energia é converter a força mecânica dos ventos em energia elétrica. As estações de força para produção desse tipo de energia não atacam significantemente o meio ambiente, exceto pela presença física e outras considerações que serão feitas neste trabalho. Os custos de produção de energia elétrica vinda dos ventos é 50% maior do que a produzida por hidrelétricas, porém esse custo pode ser reduzido se existir investimentos e a melhora no *design* das estruturas, tornando-as mais eficientes e econômicas.

A energia eólica é ainda pouco explorada e pode ser mais bem aproveitada para auxiliar no abastecimento elétrico do país. A energia proveniente dos ventos é um abundante recurso de energia renovável, limpa e disponível em diversas localidades do território nacional. O uso desse recurso para geração de eletricidade em escala comercial iniciou-se há não mais do que trinta anos, com uso de conhecimentos aeronáuticos. No início da década de 1970, com a crise do petróleo, houve grande interesse de países europeus e dos Estados Unidos em desenvolver equipamentos para produção de eletricidade que diminuísse a dependência do petróleo. Mais de 50 mil empregos foram criados e uma sólida indústria de equipamentos e componentes foi desenvolvida. Atualmente, a indústria de turbinas eólicas tem acumulado crescimentos de 30% ao ano e movimentando mais de 2 bilhões de dólares em vendas por ano. Existem mais de 30 mil turbinas eólicas de grande porte em funcionamento no mundo com capacidade instalada na ordem de 13500 MW. No âmbito do Comitê Internacional de Mudanças Climáticas, é projetada a instalação de 30000 MW até o ano de 2030. Na Dinamarca, 12% da energia elétrica provém dos ventos; no norte da Alemanha, em torno de 16%; e a União Europeia tem o objetivo de gerar 10% de toda a eletricidade a partir do vento (WIND BLATT, 2005).

No Brasil, estudos comprovaram que várias áreas pelo território nacional possuem ventos com velocidades passíveis de gerar eletricidade. A capacidade instalada no Brasil é de 20,3 MW (dados de 2004), com turbinas de médio e grande porte conectadas à rede elétrica nacional. Ainda, muitas turbinas de vento de pequeno porte funcionam isoladas para diversas aplicações – carregamento de baterias, telecomunicações e eletrificação rural.

Como foi dito, a base de operação da energia cinética dos ventos (causada pelo movimento das massas de ar na atmosfera) para energia mecânica (rotação das lâminas do rotor da turbina), a qual é transformada em energia elétrica pelos geradores eletromagnéticos. As lâminas das turbinas modernas são equipamentos aerodinâmicos, as quais possuem funções similares as hélices de aviões. A torre é o elemento que suporta o rotor e as hélices em um nível apropriado para operação da turbina de vento (Figura 7.4). A torre é um item estrutural de grande custo. As torres com alturas superiores a 40 m são autoportantes e o modelo estrutural adotado é de um cantiléver (viga engastada e em balanço).

Figura 7.4 Torre de turbina eólica.

Ventos com baixas velocidades não possuem energia suficiente para movimentar as lâminas. Isso se inicia quando os ventos atingem um valor mínimo, que normalmente está entre 2,5 e 4,0 m/s. Com o aumento da velocidade do vento, a potência aplicada na lâmina aumenta até atingir a potência nominal da máquina, a qual acontece com ventos de velocidade nominal em torno de 9,5 a 15,0 m/s. Ventos com velocidades maiores que 20 m/s podem causar danos à estrutura. Para essas velocidades o rotor usa freios para parar de girar. A energia disponível varia de acordo com o quadrado da velocidade dos ventos. A análise estrutural foi realizada para a velocidade máxima de acordo com a norma NBR-6123 (ABNT, 1987). De acordo com esta, a velocidade máxima de ventos em algumas áreas do Brasil pode atingir 51 m/s. No presente trabalho foram consideradas velocidades máximas dos ventos igual a 30, 35, 40 e 45 m/s.

Os impactos ambientais são listados a seguir:

- Dano estético: as turbinas de grande porte são objetos de grande visibilidade e interferem significantemente na paisagem natural.

- Ruído: turbinas de grande porte geram grandes ruídos auditivos, por isso é necessário checar regulamentos para instalação em áreas povoadas.

- Sombras e reflexos: as pás produzem sombras ou reflexos que podem ser indesejados em áreas residenciais. Esse problema é mais evidente em áreas de grandes latitudes.

- Pássaros: em fazendas de produção eólica pode haver grande mortalidade de pássaros pelo choque com as pás, por isso não é recomendável a instalação de torres em rotas de migração de pássaros.

A utilização do Solver do Excel para a solução de problemas de otimização

No presente trabalho foram realizadas a otimização da massa de torres de 40, 60 e 100 metros de altura. Para as torres de até 60 metros de altura as restrições de tensões prevaleceram, e para torres de 100 metros de altura a restrição da frequência de vibração natural de vibração governa o problema.

7.4.2 REVISÃO BIBLIOGRÁFICA

Como já citado, o objetivo desse exemplo é descrever um procedimento para a otimização de torres metálicas para suporte de geradores eólicos, utilizando-se uma metodologia simplificada, desenvolvida pelos autores, para a realização da análise dinâmica linear. Primeiramente, o modelo dinâmico linear é apresentado. Esse modelo se baseia no modelo dinâmico discreto do código NBR-6123 (ABNT, 1987) e nos trabalhos de Silva, Arora e Brasil (2013) e Brasil e Silva (2015). No modelo, a resposta dinâmica é determinada pelo produto da resposta estática por uma função escalar que depende da altura da torre, da primeira frequência natural de vibração, da rugosidade do terreno e do fator de amortecimento. Em seguida, o problema de otimização é apresentado, contendo descrição da estrutura, a formulação do problema e os resultados obtidos. Por último, são apresentadas conclusões acerca desse exemplo e são dadas sugestões para trabalhos futuros.

Para resolver os problemas discutidos aqui, é necessário utilizar-se de avançadas ferramentas e modelos, como otimização com uso do método do gradiente reduzido do Solver do Excel, o método dos elementos finitos, análise dinâmica linear, projeto de estruturas metálicas e carregamento do vento. Os principais efeitos são devidos aos esforços internos de momento fletor, força cortante e força axial de compressão.

7.4.3 ANÁLISE ESTÁTICA

De acordo com a NBR-6123 (ABNT, 1987), V_0 (m/s) é a velocidade média computada com base em um intervalo de 3 s, em 10 m no nível do solo, para um terreno plano e sem ondulações, e um período de retorno de 50 anos. O fator topográfico é S_1, enquanto o fator de rugosidade do terreno é S_2, dado por

$$S_2 = bF_r(z/10)^p \tag{7.4}$$

onde b, p e F_r são fatores que dependem das características do terreno, e z é a altura acima do nível do terreno em metros. O fator estatístico é S_3. Os fatores S_1, S_2 e S_3 são dados na NBR-6123. As características da velocidade (m/s) e pressão (Pa) do vento são, respectivamente,

$$V_k = V_0 S_1 S_2 S_3 \quad \text{e} \quad q = 0,613 V_k^2 \tag{7.5}$$

O carregamento do vento (F) na área (A) (projeção em um plano vertical de uma dada área de um objeto em m²) é calculada como

$$F = C_a A q, \tag{7.6}$$

onde C_a é o coeficiente aerodinâmico, também presente na NBR-6123.

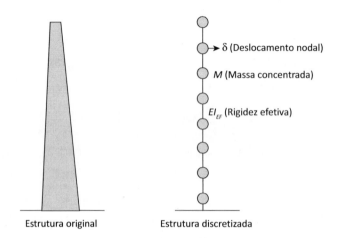

Figura 7.5 Estrutura de uma torre de telecomunicação discretizada.

7.4.4 ANÁLISE DINÂMICA LINEAR

Se a primeira frequência natural de vibração de uma dada estrutura é menor do que 1 Hz (ABNT, 1987), é necessário proceder com a análise dinâmica da estrutura. De acordo com NBR-6123, na análise dinâmica se procede da maneira a seguir. Para o j-ésimo grau de liberdade, o carregamento total X_j devido ao vento sobre a torre, é a soma do carregamento médio com o flutuante, dado como:

$$X_j = \overline{X}_j + \hat{X}_j. \tag{7.7}$$

A carga média $\overline{X}_j$ é dada por

$$\overline{X}_j = \overline{q}_o b^2 C_j A_j \left(\frac{z_j}{z_r}\right)^{2p}, \tag{7.8}$$

$$\overline{q}_o = 0{,}613 \overline{V}_p^2 \quad \text{e} \quad \overline{V}_p = 0{,}69 V_0 S_1 S_3 \quad (\overline{q}_o \text{ em N/m}^2 \text{ e } \overline{V}_p \text{ in m/s}) \tag{7.9}$$

e b e p são dados na tabela 20 da NBR-6123, z_r é o nível de referência, utilizado como 10 m nesse exemplo; $\overline{V}_p$ representa a velocidade do vento durante 10 minutos em 10 m no nível do solo para terreno acidentado (S_2) para categoria II.

A componente flutuante $\hat{X}_j$ na Equação (7.7) é dada como

$$\hat{X}_j = F_H \psi_j \varphi_j \tag{7.10}$$

onde

$$\psi_j = \frac{m_j}{m_o}, \quad F_H = \bar{q}_o b^2 A_o \frac{\sum_{i=1}^{n} \beta_i \varphi_i}{\sum_{i=1}^{n} \psi_i \varphi_i^2} \xi, \qquad \beta_i = C_{ai} \frac{A_i}{A_o} \left(\frac{z_i}{z_r} \right)^p \tag{7.11}$$

e m_i, m_o, A_i, A_o, ξ e C_{ai}, respectivamente, são a massa concentrada no i-ésimo grau de liberdade, a massa de referência, a área no entorno do i-ésimo grau de liberdade, a área de referência, o coeficiente de amplificação dinâmica dado nas figuras 14 e 18 da NBR-6123, e o coeficiente aerodinâmico para área A_i.

Note que $\varphi = [\varphi_i]$ é um dado modo de vibração. Para se obter φ_i e ξ, é necessário considerar a massa e a rigidez da estrutura e resolver o problema de autovalor det(**K**-ω^2**M**) = 0, onde ω são as frequências naturais de vibração da estrutura, K é a matriz de rigidez e **M** é a matriz de massa da estrutura. Conforme citado, o cálculo da frequência natural de vibração será realizado conforme descrito no Exemplo 1 (Seção 7.3). A frequência circular se relaciona com a frequência cíclica por meio da expressão $\omega = 2 \pi f$. A massa concentrada pode ser facilmente calculada somando-se as massas ao redor da região de influência do nó. A rigidez depende do momento de inércia da seção transversal e do módulo de elasticidade E_s.

Para um dado vetor $\hat{Q}_i$ que representa uma certa quantidade como cargas internas, tensão etc., devido ao i-ésimo modo natural de vibração, a contribuição total $\hat{Q}$, até o modo r, é calculada aqui como

$$\hat{Q} = \left[\sum_{k=1}^{r} \hat{Q}_i^2 \right]^{1/2}, \text{ enquanto } Y_i = \frac{1}{3} X_i \tag{7.12}$$

é a carga transversal devido à variação da direção do vento.

7.4.5 ANÁLISE DINÂMICA SIMPLIFICADA

É muito usual a utilização de estruturas esbeltas para o suporte de geradores eólicos. Uma característica básica dessas estruturas é o baixo valor da primeira frequência natural de vibração. Como já citado, no caso de a primeira frequência de vibração ser menor que 1 Hz, é necessário que se proceda à análise dinâmica dessas estruturas. Cargas dinâmicas devidas ao vento são extremamente importantes nesses casos.

O objetivo desta seção é mostrar uma metodologia na qual, a partir da primeira frequência natural de vibração (f_1), a altura total da estrutura (H) e o momento fletor característico provocado pelo vento (M^e_k), calculado pelo método estático da norma NBR-6123 (Seção 6.2), pode-se calcular o momento fletor dinâmico por meio da equação

$$M^{din}_k = \gamma_d M^e_k \quad \text{onde} \quad \gamma_d = \gamma_d\left(H, f_1\right). \tag{7.13}$$

Já utilizando a força cortante estática V^e_k e γ_d, pode-se calcular a força cortante dinâmica (BRASIL; SILVA, 2015) como

$$V^{din}_k = \left[(1+\gamma_d)/2\right]V^e_k. \tag{7.14}$$

A variável γ_d é denominada de coeficiente de majoração dinâmica. Ela representa a razão entre os valores dinâmico e o estático e é função da altura total da estrutura e da primeira frequência natural de vibração.

No trabalho de Silva, Arora e Brasil (2013) e Brasil e Silva (2015), γ_d é representado linearmente pela função

$$\gamma_d = \alpha_1 + \alpha_2 H + \alpha_3 f_1 \tag{7.15}$$

onde α_1, α_2 e α_3 são constantes mostradas na Tabela 7.4 para diferentes valores de S_2 (categoria de terreno) e ζ (taxa de amortecimento).

Tabela 7.4 Valores de $\alpha 1$, $\alpha 2$ e $\alpha 3$ para diferentes valores de S_2 e ζ

Categoria (S_2)	ζ	α_1	α_2	α_3
II	1,0%	1,635324	0,003093	−0,220680
III	1,0%	1,393851	0,004403	−0,168990
IV	1,0%	1,193900	0,004552	−0,139560
II	1,5%	1,592341	0,002299	−0,208510
III	1,5%	1,361500	0,003594	−0,163390
IV	1,5%	1,172087	0,003751	−0,140040

Estes valores tabelados foram obtidos por Silva, Arora e Brasil (2013) processando, com auxílio de técnicas de otimização, os resultados da análise dinâmica de 90 torres de telecomunicações em concreto armado, instaladas em todo o território brasileiro. Essas expressões são bastante confiáveis para frequências (f_1) entre 0,15 e 0,5 Hz e para torres com alturas de até 60 m. Para alturas acima de 60 m é aconselhável restringir o valor de γ_d a 1,4, por exemplo. É válido lembrar que essas expressões referem-se às cargas devidas ao vento. No caso da combinação de diversos tipos de carregamentos, o coeficiente de majoração dinâmica somente deve ser aplicado aos esforços internos oriundos das cargas devidas ao vento.

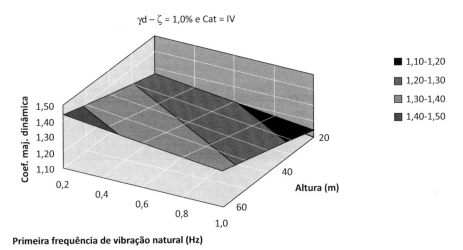

Figura 7.6 Coeficiente de majoração dinâmica para terrenos de categoria IV (S_2 = IV) e taxa de amortecimento (ζ) igual a 1%.

A Figura 7.6 mostra o plano $\gamma_d = \gamma_d(H,f_1)$ para o caso de ζ = 1% e S_2 = categoria IV. No trabalho de Silva, Arora e Brasil (2013) são mostradas os planos para todas as seis situações da Tabela 7.4.

7.4.6 CARACTERÍSTICAS DA ESTRUTURA

Neste exemplo foram consideradas informações reais sobre turbinas eólicas disponíveis no mercado. Foram adotadas as características do V80-2.0 MW feito por Vestas S.A. As estruturas metálicas adotadas possuem 40, 60 e 100 metros de altura, tendo seção circular vazada. O diâmetro e a espessura variam de acordo com a altura da torre. A tensão de escoamento de projeto do aço é f_{yd} = 0,9 x 250 MPa e o módulo de elasticidade é E_s = 210 GPa.

Uma estrutura, similar àquela mostrada na Figura 7.5 é discretizada com 40 elementos e 41 nós, e o primeiro elemento inicia no primeiro nó e finda no segundo, o segundo elemento inicia no segundo nó e finda no terceiro, e assim sucessivamente. Com essa discretização, a estrutura possui 240 graus de liberdade. O vetor deslocamento correspondente aos graus de liberdade também é denotado como variável de estado.

Foram consideradas as velocidades básicas do vento V_0 = 30, 35, 40 e 45 m/s, o fator topográfico S_1 = 1, rugosidade do terreno S_2 como categoria II e o fator estatístico

$S_3 = 1,1$. Como apresentado anteriormente, a força devida ao vento na área A é $F = CaAq$, onde C_a é o coeficiente aerodinâmico e q a pressão do vento. Equipamentos são instalados na estrutura, como turbinas, pás, escada interna, luz noturna e sistema de proteção contra descargas atmosféricas. Os valores de A e C_a para equipamentos são:

- torre, $0 \le z \le H$, A = "variável de acordo com o projeto" e $C_a = 0,6$;
- turbina e pás, $z = H$, $A = 120$ m² e $C_a = 1$.

Com essas áreas e coeficientes aerodinâmicos, a massa da torre é considerada distribuída pela torre proporcionalmente ao volume, e isso pode ser calculado utilizando-se densidade igual a 7850 kg/m³. No nó do topo, de número 40, foi considerada uma massa de 104000 kg por causa das massas do rotor e das pás. As pás estão sujeitas a diferentes pressões de vento ao longo do eixo z e, por causa disso, as cargas relacionadas à área de obstrução ao vento do rotor e das pás são consideradas com uma excentricidade de 11 m acima H.

7.4.7 O PROBLEMA DE OTIMIZAÇÃO

O problema consiste em minimizar a massa da estrutura. O modelo estrutural considerou uma estrutura cantilever engastada no nível do solo com o diâmetro e a espessura variando ao longo da altura. A estrutura foi considerada tronco-cônica, com as seguintes características:

- conicidade t constante (variação do diâmetro em função do comprimento);
- espessura varia uniformemente com a altura.

O vetor das variáveis de projeto é definido como $\mathbf{b}^t = [\phi_t, t, e_t, e_b]$, onde ϕ_t é o diâmetro do topo, t é a conicidade, e_t é a espessura no topo e e_b a espessura na base. O diâmetro externo ϕ_i em uma dada seção no nível z_i é calculada como

$$\phi_i = \phi_t + (H - z_i)t. \tag{7.16}$$

A espessura no nível z_i é calculada como

$$e_i = e_t + (H - z_i)\frac{(e_b - e_t)}{H}. \tag{7.17}$$

O problema de otimização é aquele que minimiza a função objetivo:

$$f(\mathbf{b}) = M_s \tag{7.18}$$

onde M_s é a massa total de aço que compõe a estrutura metálica da torre. As restrições de projeto são:

A utilização do Solver do Excel para a solução de problemas de otimização **119**

• a resistência à flexão-compressão da seção transversal em cada nó i

$$\frac{M_{di}}{M_{ui}} + \frac{N_{di}}{N_{ui}} - 1 \leq 0; \, i = 0,...,40 \tag{7.19}$$

• a resistência da secção à força cortante em cada nó i

$$Q_{di} - Q_{ui} \leq 0; \, i = 0,...,40 \tag{7.20}$$

• a espessura mínima em cada nó i

$$-e_i + 6,3 \text{ mm} \leq 0; i = 0,...,40 \tag{7.21}$$

• a compatibilidade entre espessura e diâmetro em cada nó i

$$2e_i - \phi_i \leq 0; i = 0,...,40 \tag{7.22}$$

• os diâmetros máximo e mínimo do topo da estrutura

$$\phi_{min} \leq \phi_{40} \leq \phi_{max} \tag{7.23}$$

• considerar que todas as variáveis de projeto sejam positivas

$$-b_i \leq 0; i = 0,...,3 \tag{7.24}$$

• a primeira frequência de vibração deve ser maior que um mínimo

$$-f_1 + 0,624 \text{ Hz} \leq 0; \tag{7.25}$$

• o deslocamento máximo do topo da estrutura

$$u_{40} - H / 150 \leq 0; \tag{7.26}$$

• a rotação máxima do topo da estrutura

$$\dot{u}_{41} - 5^0 \leq 0; \tag{7.27}$$

Nas Equações (7.19) a (7.27) tem-se: M_d é o momento fletor de projeto, calculado como $\gamma_f M_k$, onde γ_f é o coeficiente de majoração dos esforços característicos; M_u é o momento fletor resistente da seção, calculado levando-se em conta a resistência do aço minorada (f_{yd}) e a flambagem localizada da parede da seção transversal (NICHOLSON, 2011); N_d é força axial de projeto, calculada como $\gamma_f N_k$, onde N_k é a força axial característica; N_u é a força axial resistente da seção, calculada levando-se em conta a resistência do aço minorada (f_{yd}) e a flambagem localizada; Q_d é a força cortante de projeto, calculada como $\gamma_f Q_k$, onde Q_k é a força cortante característica; Q_u é a força cortante resistente da seção, calculada levando-se em conta a resistência do aço minorada (f_{yd}). O valor adotado para γ_f é 1.4. Os valores máximos e mínimos para o diâmetro do topo da estrutura são respectivamente 100 e 200 cm. A Equação (7.25) é uma das mais importantes restrições e representa o limite inferior da frequência fundamental da estrutura. O limite inferior para f_1 deve ser definido em função do espectro da velocidade de operação do rotor. Com essas definições, o problema de otimização proposto nas Equações (7.18) a (7.27) apresenta 4 variáveis de projeto, 173 restrições e 240 graus de liberdade.

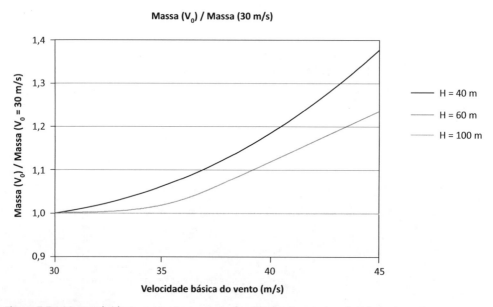

Figura 7.7   Massa obtida para as estruturas em função da altura e da velocidade do vento.

7.4.8 RESULTADOS OBTIDOS

Os autores organizaram os resultados obtidos na Figura 7.7. Nessa figura, nas abscissas está a velocidade básica do vento, enquanto nas ordenadas está a razão entre massa ótima obtida para uma determinada velocidade básica do vento e aquela obtida para ventos com velocidades de 30 m/s. O gráfico mostra os resultados para torres com as alturas de 40, 60 e 100 m acima do solo. Observou-se que a torre de 40 m varia (aumenta) sua massa ótima à medida que se aumenta a velocidade do vento. O mesmo ocorre, com menos intensidade, com a torre de 60 m. Nesses casos o problema é regido pelas restrições de tensão. Já para a torre de 100 m a restrição em que se impõe que a primeira frequência natural de vibração seja superior a 0,62 Hz passa a governar o problema e não se consegue, pelo menos na formulação adotada, reduzir a massa ótima para velocidades de vento menores. Ou seja, neste caso o principal objetivo do projeto é que a torre apresente uma frequência acima do mínimo estabelecido.

7.4.9 CONCLUSÕES

Um modelo dinâmico simplificado para análise estrutural de estruturas esbeltas foi apresentado. Esse modelo foi usado para formular um problema de otimização para minimizar o custo de torres eólicas em aço. Torres de diferentes alturas e para diferentes velocidades básicas de vento foram otimizadas. As variáveis de projeto consideradas foram o diâmetro do topo, a conicidade e as espessuras no topo e na base. Restrições foram impostas sobre os esforços internos, deslocamentos e rotações da seção transversal, a frequência fundamental da estrutura, bem como sobre os limites geométricos das seções transversais da estrutura. A conclusão principal desse exemplo é que, para torres com alturas abaixo de 100 metros, as restrições de tensão são preponderantes no projeto e, para aquelas com alturas acima de 100 metros, a restrição de frequência mínima passa a dominar o problema. Neste caso não há variação da massa ótima em função da velocidade básica do vento. Sugere-se para a continuação dos trabalhos o projeto ótimo integrado de estrutura e fundação, bem como a realização de uma otimização de forma da estrutura.

7.5 EXEMPLO 3 – O CÁLCULO SIMULTÂNEO DO EQUILÍBRIO E DA CONFIABILIDADE DE SEÇÕES DE CONCRETO ARMADO UTILIZANDO TÉCNICAS DE OTIMIZAÇÃO (SILVA; BRASIL, 2016)

O objetivo deste exemplo é apresentar a evolução do uso de técnicas de otimização a partir da computação do equilíbrio até a otimização de uma seção de concreto armado considerando-se a confiabilidade estrutural. Primeiramente, a otimização é usada para verificar uma dada seção transversal, submetida a momento fletor, computando o equilíbrio da seção de acordo com a NBR-6118 (ABNT, 2014). Num segundo problema, o custo da seção transversal é minimizado e o equilíbrio é calculado simultaneamente. Finalmente a seção transversal é equilibrada, o custo é minimizado e uma certa probabilidade de falha é imposta utilizando-se técnicas de otimização. O objetivo é explorar a capacidade de cálculo da otimização para resolver simultaneamente problemas que frequentemente são resolvidos de forma separada. Conceitos de otimização, equilíbrio, confiabilidade e concreto armado são utilizados no presente trabalho para mostrar que todos esses problemas podem ser resolvidos em um único problema.

7.5.1 INTRODUÇÃO E REVISÃO BIBLIOGRÁFICA

O problema ora analisado baseia-se na utilização de técnicas de otimização para realizar o cálculo do equilíbrio e também a confiabilidade estrutural de uma viga em concreto armado submetida a flexão reta. O grande desafio é realizar simultaneamente essas tarefas. Para tanto será utilizado um programa computacional desenvolvido pelos autores, em Visual Basic, que utiliza o Solver do Excel para a realização da otimização.

O assunto confiabilidade estrutural tem sido amplamente estudado nos últimos anos por diversos pesquisadores. No caso específico do problema aqui apresentado, pode-se destacar o trabalho de Nogueira (2006), em que são estudados pilares curtos em concreto armado e calculada a confiabilidade das seções transversais utilizando-se o bloco de tensões da NBR-6118 (ABNT, 2003). O bloco de tensões dessa norma é comparado com aqueles dados por outras normas e autores e então analisada sua eficiência para lidar com concretos de alta resistência. Uma das conclusões do trabalho é que para estruturas projetadas com concreto com f_{ck} superior a 40 MPa o modelo da NBR-6118 (ABNT, 2003) leva a uma probabilidade de falhas do modelo significativa, sendo então sugeridas modificações no bloco de tensão dessa norma para essas aplicações. Uma outra característica deste trabalho é que ele utiliza o processo de Monte Carlo para a determinação do índice de confiabilidade.

A vantagem de se utilizar o processo de Monte Carlo é que torna desnecessária a conversão de distribuições de probabilidade que não sejam normais em normais equivalentes. O trabalho de Hatashita (2007) traz procedimentos que podem ser utilizados para se determinar uma normal equivalente. Neste trabalho foi desenvolvido um software no MATLAB para implementação da metodologia FORM (*first order reliability method*), para o cálculo da confiabilidade de estruturas para torres de transmissão de eletricidade.

No presente exemplo, em relação aos processos de otimização, conforme já citado, utilizar-se-á o Solver do Microsoft Excel (ARORA, 2012). O Solver do Excel usa uma versão do GRD para a solução de problemas não lineares. O método GRD é baseado em programação quadrática. A ideia do método é encontrar uma direção de busca tal que as restrições ativas permaneçam precisamente ativas para pequenos movimentos no espaço das variáveis de projeto e utilizar o método de Newton Raphson para retornar às bordas das restrições quando elas não são precisamente satisfeitas (ARORA, 2012). O GRD do Excel oferece tanto o método dos gradientes conjugados quanto o de Newton para determinar a direção de busca. No presente exemplo foram testadas duas opções, optando-se pela utilização do método de Newton.

Na análise do concreto armado utilizar-se-ão os conceitos básicos contidos em Sussekind (1979), Fusco (1981), Santos (1994), NBR-6118 (ABNT, 2014) e NBR-9062 (ABNT, 2006). No presente exemplo, pretende-se também utilizar as técnicas de integração de tensões em seções transversais de concreto armado descritas em Silva et al. (2001).

7.5.2 DESCRIÇÃO DO PROBLEMA DO EQUILÍBRIO

Considere a seção transversal de uma viga mostrada na Figura 7.8.

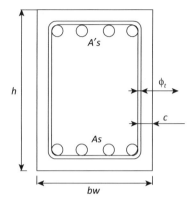

Figura 7.8 Seção transversal típica de viga a ser analisada.

Na Figura 7.8 b_w é a largura e h a altura da seção transversal da viga. As e $A's$ são respectivamente as armaduras longitudinais positiva e negativa, ϕ_t é o diâmetro do estribo e c o cobrimento nominal da armadura.

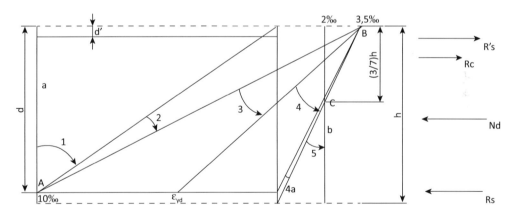

Figura 7.9 Domínios de deformação da seção transversal e forças internas.

Para que uma seção transversal esteja em equilíbrio é necessário que as forças internas estejam em equilíbrio. Observa-se na Figura 7.9 as seguintes forças internas: Nd = força axial de projeto; Rc = resultante de compressão no concreto; Rs = resultante de tração na armadura positiva; $R's$ = resultante de compressão na armadura negativa. Lembre-se que no presente exemplo o objeto de estudo é uma viga submetida à flexão reta, portanto, neste caso, Nd = 0. As forças internas resistentes, ou reativas, dependem do campo de deformações que se estabelece ao longo da seção transversal da viga. A hipótese considerada é que uma seção plana permanecerá plana após sua deformação. A deformação das armaduras positiva e negativa são, respectivamente, ε_s (estiramento) e ε'_s (encurtamento), enquanto a do concreto é ε_c (encurtamento).

As tensões são determinadas por meio da relação constitutiva tensão x deformação. Os diagramas considerados no presente exemplo são mostrados na Figura 7.10.

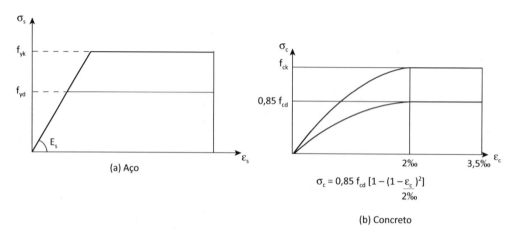

Figura 7.10 Diagramas tensão x deformação do aço e do concreto.

Na Figura 7.10(a), f_{yk} é a tensão de escoamento, $f_{yd} = f_{yk}/\gamma_s$ é a tensão de projeto, γ_s é o coeficiente de minoração da resistência do aço e E_s é o módulo de elasticidade longitudinal do aço. Já na Figura 7.10(b), f_{ck} é a resistência característica do concreto na idade de 28 dias, $f_{cd} = f_{ck}/\gamma_c$ a resistência de projeto e γ_c o coeficiente de minoração da resistência do concreto.

Observe que para cada valor do par (ε_s; ε_c), num determinado ponto da seção transversal, está associada uma deformação ε. Pelas equações (Figura 7.10), obtém-se o valor das tensões e, integrando as tensões no domínio apropriado, obtém-se os esforços internos resistentes. A resultante de tensões no concreto é dada por

$$Rc = \int \sigma_c dA \qquad (7.28)$$

As resultantes do aço são dadas por:

$$Rs = A_s \sigma_s \qquad (7.29)$$

$$R's = A'_s \sigma'_s \qquad (7.30)$$

O equilíbrio da seção é obtido se

$$R_c + R'_s - R_s - N_d = 0 \qquad (7.31)$$

O procedimento usual para se obter o equilíbrio é variar as deformações (ε_s; ε_c) de forma apropriada, dentro dos domínios mostrados na Figura 7.9, até que a Equação (7.5.4) se anule. Uma das maneiras de se obter a solução para esta questão é resolvendo o problema de otimização definido a seguir.

Problema O1:

Minimize

$$f(\mathbf{b}) = f(\varepsilon_c, \varepsilon_s) = (R_c + R'_s - R_s - Nd)^2 \qquad (7.32)$$

Sujeito a

$$\varepsilon_c \leq 3.5 \text{ %o} \qquad (7.33)$$

$$\varepsilon_s \leq 10 \text{ %o} \qquad (7.34)$$

Observe que o valor mínimo da Equação (7.32) é igual a zero, que equivale ao equilíbrio da seção transversal. O vetor $\mathbf{b}$ é denominado das variáveis de projeto do problema de otimização.

A solução do problema definido pelas Equações (7.32) a (7.34) pode ser obtida utilizando-se um algoritmo de otimização, e, no caso do presente exemplo, foi utilizado o GRD do Excel Solver.

Uma vez obtida a solução do sistema, o momento fletor resistido pela seção, M_{rd}, pode ser obtido como

$$M_{rd} = R_c y_c + R'_s y'_s - R_s y_s, \qquad (7.35)$$

onde y_c, y'_s e y_s são, respectivamente, as abscissas dos pontos de aplicação das forças R_c, R'_s e R_s. O momento fletor resistente deve ser comparado com o momento fletor solicitante, dado por:

$$M_{sd} = M_{gd} + M_{qd}. \qquad (7.36)$$

onde os momentos fletores M_{gd} e M_{qd} são devidos, respectivamente, às forças permanentes e acidentais. Em avanço, será considerado no presente exemplo que os esforços solicitantes permanentes apresentam uma distribuição probabilística normal, enquanto os acidentais, uma distribuição de extremos tipo I.

7.5.3 A CONFIABILIDADE ESTRUTURAL

A confiabilidade estrutural evoluiu a partir de processos de projeto nos quais foi necessário aliar conceitos como segurança, durabilidade e custo. O processo de projeto de estruturas tem que lidar com diversas incertezas, tanto em relação aos carregamentos que atuarão na estrutura quanto em relação à resistência dos materiais empregados em sua construção.

Os principais métodos de confiabilidade são:

- Métodos de nível 0: são aqueles que usam o formato das "tensões admissíveis". No método das tensões admissíveis todas as cargas são tratadas similarmente e as tensões elásticas são reduzidas por um único fator de segurança.

- Métodos de nível I: são aqueles que empregam um valor característico para cada valor "incerto". Esses valores são combinados levando-se em conta a variabilidade e a simultaneidade da ação. Como exemplo, tem-se o método dos estados-limite.

- Métodos de nível II: são aqueles que empregam dois valores para cada parâmetro "incerto" (usualmente média e variância) e uma medida da correlação entre parâmetros (usualmente covariância). Os métodos do índice de confiabilidade são exemplos de métodos do nível II.

- Métodos de nível III: são aqueles que empregam a probabilidade de falha da estrutura como medida de sua confiabilidade. Para tal, as funções de densidade de probabilidade das variáveis aleatórias são requeridas.

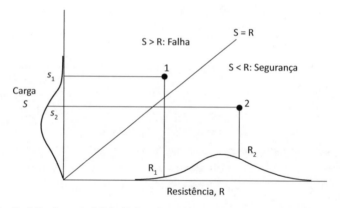

Figura 7.11 Distribuição de probabilidade de solicitação e resistência (NOGUEIRA, 2006).

Observe que surgiu no parágrafo anterior a expressão variáveis aleatórias. Variáveis aleatórias são grandezas que dependem de fatores aleatórios que não podem ser previstos de forma determinística, e sim estimados. Como exemplo, a resistência do concreto é uma variável aleatória, pois pode assumir qualquer valor dentro de um determinado intervalo. O estudo dos diversos valores que assume uma determinada variável aleatória gera as curvas de função de densidade de probabilidade (distribuição de probabilidade). Uma curva extremamente comum na engenharia é a distribuição normal, ou curva de Gauss. A resistência do concreto e o peso próprio da estrutura são exemplos de variáveis aleatórias que se encaixam bem na curva de Gauss. Já os carregamentos acidentais de vento se enquadram numa distribuição de extremos tipo I (NOGUEIRA, 2006).

Tanto as ações quanto a resistência dos materiais são variáveis aleatórias. Na Figura 7.11 é mostrado um esquema em que pode ser vista a relação entre solicitação (S) e resistência (R) numa visão probabilística. As curvas S e R são da densidade de probabilidade dessas variáveis aleatórias. A área total sob essas curvas deve ser igual a 1 = 100%. Observe que, quando a solicitação S é igual à resistência R, tem-se o limite da segurança do modelo de cálculo estrutural. Quando S < R, tem-se segurança e, quando S > R, tem-se falha do modelo. É válido ressaltar que a falha a que se refere o exemplo é do modelo de cálculo estrutural, e não necessariamente da estrutura. Uma falha do modelo não implica necessariamente a ruína da estrutura, e sim que podem ocorrer não conformidades em relação às normas adotadas.

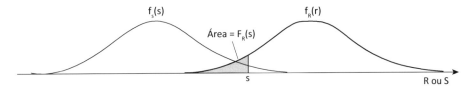

Figura 7.12 Distribuição de probabilidade de solicitação e resistência em um mesmo eixo de referência (NOGUEIRA, 2006).

Quando se coloca no mesmo eixo de referência as funções densidade de probabilidade da solicitação e da resistência, obtém-se o gráfico mostrado na Figura 7.12.

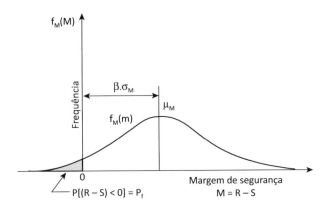

Figura 7.13 Probabilidade de falha do modelo de cálculo estrutural (NOGUEIRA, 2006).

Define-se a margem de segurança M como

$$M = R - S \tag{7.37}$$

Ao se calcular a função densidade de probabilidade de M, pode-se definir o conceito de probabilidade de falha, conforme mostrado na Figura 7.13. Nessa figura a área sob a curva quando $M < 0$ é a probabilidade de falha.

As variáveis aleatórias serão designadas por $\mathbf{X}^T = [X_1, X_2, X_3, ..., X_n]$. Cada variável aleatória possui uma curva de distribuição de probabilidade. A média e o desvio padrão de uma determinada variável X_i são respectivamente μ_i e σ_i. A variância é V e o coeficiente de variação é CV. As variáveis aleatórias reduzidas são dadas por $X' = [X'_i]$, $i = 1, ..n$, onde

$$X'_i = (X_i - \mu_i)/\sigma_i .\tag{7.38}$$

O problema da determinação do índice de confiabilidade pode ser visto na Figura 7.14.

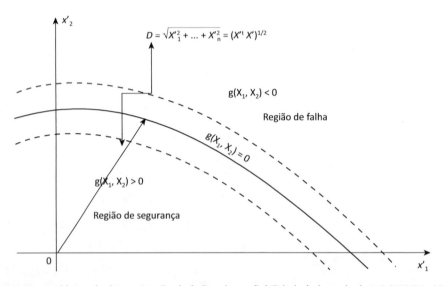

Figura 7.14 Problema de determinação do índice de confiabilidade (adaptada de NOGUEIRA, 2006).

A solução consiste em determinar a menor distância $D(\mathbf{X'})$ entre a superfície de equilíbrio $M = 0$ e a origem do sistema de referência. O segundo problema de otimização pode ser então definido como a seguir.

Problema O2:

Determine $\mathbf{b}$ que minimize

$$f(\mathbf{b}) = f(\mathbf{X'}) = (X'^2_1 + X'^2_2 + ... + X'^2_n)^{0.5} \tag{7.39}$$

Sujeito a

$$g(\mathbf{X'}) = M = S - R = 0 \tag{7.40}$$

Neste problema, as componentes do vetor das variáveis de projeto $\mathbf{b}$ são as variáveis aleatórias reduzidas $\mathbf{X'}$. O índice de confiabilidade é então $\beta = f(\mathbf{b^*}) = \min (D)$, onde $\mathbf{X'^*} = \mathbf{b^*}$ é a solução do problema O2. No problema aqui estudado, as componentes do vetor das variáveis aleatórias são $\mathbf{X} = [b_w, h, f_{ck}, f_{yk}, c, M_g, M_q]$.

Tabela 7.5 Valores de referência para β (GALAMBOS et al., 1982)

Structural Element	Reliability Index, β
RC Beam, Steel CA-60, medium ρ	2,8
RC Beam, Steel CA-40, medium ρ	2,8
Pre-stressed Beam, low ρ	3,0
Pre-cast, Pre-stressed Beam, low ρ	3,6
RC Short Column unde compression	3,4

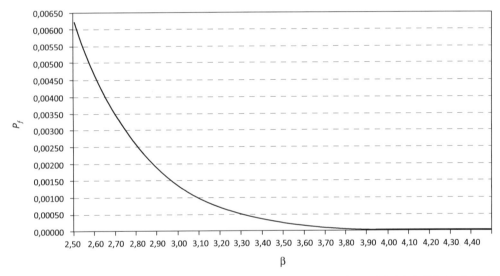

Figura 7.15 Gráfico da probabilidade de falha (P_f) em função do índice de confiabilidade β (NOGUEIRA, 2006).

Para cada tipo de elemento estrutural é definido um valor ideal mínimo para β. Na Tabela 7.5 são mostrados valores de referência de acordo com Galambos et al. (1982). Nessa tabela ρ é a taxa de armadura NBR-6118 (ABNT, 2003). Na Figura 7.15 é mostrada a curva que relaciona a probabilidade de falha (P_f) com o índice de confiabilidade.

7.5.4 A MINIMIZAÇÃO DO CUSTO DA ESTRUTURA

A tarefa principal do engenheiro de estruturas é projetar estruturas funcionais, seguras e em conformidade com as normas. Entretanto o fator econômico é extremamente relevante, principalmente em um ambiente competitivo, no qual muitas decisões são tomadas considerando-se a solução de menor custo. A minimização do custo é

130 *Otimização de projetos de engenharia*

um problema de otimização. No presente exemplo será realizada a minimização do custo de uma viga pré-fabricada em concreto armado impondo-se um determinado valor para o índice de confiabilidade.

Para o custo do concreto armado C_{RC}, os seguintes insumos serão considerados: os custos do concreto C_c, do aço C_s, da forma C_f e do transporte C_t. Trata-se de uma viga pré-fabricada que será transportada a uma distância l. O custo unitário dos insumos são c_c (concreto), c_s (aço), c_f (forma) e c_t (transporte). Para o cálculo do peso da viga foi considerada um peso específico para o concreto igual a γ_{co}. Considerou-se que o custo unitário do concreto varia em função do fck (MPa) de acordo com a seguinte expressão:

$$c_c = 150 + 200 \ (10/f_{ck} + 0,024 f_{ck}) \tag{7.41}$$

Com isso, tem-se:

- custo do concreto – $C_c = V_c \, c_c$, onde V_c é o volume de concreto;
- custo do aço – $C_s = M_s \, c_s$, onde M_s é massa total de aço;
- custo da forma – $C_f = A_f \, c_f$, onde A_f é a área de forma;
- custo do transporte – $C_t = \gamma_{co} \, V_c \, l \, c_t$.

O custo do concreto armado C_{RC} foi calculado para um metro de viga. Para o custo do aço considerou-se apenas a armação longitudinal; para o do concreto, a área da seção transversal; para o da forma, as áreas laterais longitudinais e do fundo; e para o transporte, o peso do concreto armado.

Uma vez realizadas essas definições, é então proposto o terceiro problema de otimização como a seguir.

Problema O3:

Minimize

$$f(\mathbf{b}) = C_{RC} = C_c + C_s + C_f + C_t \tag{7.42}$$

Sujeito a

$$g(\mathbf{b}) = \beta(\mathbf{X'}) - \beta_0 = 0 \tag{7.43}$$

O valor β_0 é escolhido em função da probabilidade de falha do modelo que se deseja impor, enquanto $\beta(\mathbf{X'})$ é calculado utilizando-se o problema de otimização O2, definido pelas Equações (7.39) e (7.40). Observe que o cômputo da Equação (7.43) envolve a solução de um outro problema de otimização dentro de um problema de otimização.

No problema O3 as componentes do vetor das variáveis de projeto são $\mathbf{b}^T = [b_w, h, f_{ck}, A_s, A'_s]$ e as variáveis aleatórias são $\mathbf{X}^T = [b_w, h, f_{ck}, f_{yk}, c, M_g, M_q]$. Observe que se tem, por exemplo, b_w como uma variável de projeto e ao mesmo tempo como uma variável

A utilização do Solver do Excel para a solução de problemas de otimização **131**

aleatória, o que torna a programação mais complexa e aumenta o tempo computacional. Alternativamente, propõe-se o problema de otimização simplificado descrito a seguir.

Problema O3s:

Determine **b** que minimize

$$f(\mathbf{b}) = C_{RC} = C_c + C_s + C_f + C_t \tag{7.44}$$

Sujeito a

$$g(\mathbf{b}) = \beta_s(\mathbf{X}) - \beta_0 = 0 \tag{7.45}$$

O valor de $\beta \cong \beta_s$ é calculado de acordo com a equação:

$$\beta_s = (\mathbf{B}^T \mathbf{B})^{1/2} \tag{7.46}$$

onde

$$\mathbf{B} = \mathbf{a}_0 + \underline{\mathbf{a}}_1 \mathbf{X} + \underline{\mathbf{X}} \underline{\mathbf{a}}_2 \mathbf{X} \tag{7.47}$$

onde $\mathbf{a}_0$ é um vetor, $\underline{\mathbf{a}}_1$ é uma matriz diagonal, $\underline{\mathbf{a}}_2$ é uma matriz consistente (cheia) e $\underline{\mathbf{X}}$ é uma matriz diagonal onde os elementos da diagonal são as componentes do vetor $\mathbf{X}$, ou seja, $X_{ii} = X_i$. Continua como vetor das variáveis de projeto $\mathbf{b}^T = [b_w, h, f_{ck}, A_s, A'_s]$.

Para a determinação de $\mathbf{a}_0$, $\underline{\mathbf{a}}_1$ e $\underline{\mathbf{a}}_2$ é definido o seguinte problema auxiliar de otimização, elaborado como:

Problema O3s-a

Determine $\mathbf{b} = [\mathbf{a}_0, \underline{\mathbf{a}}_1, \underline{\mathbf{a}}_2]$ que minimize

$$f(\mathbf{b}) = \frac{1}{2} \sum (\beta_s - \beta_i)^2 \tag{7.48}$$

Sujeito a

$$g(\mathbf{b}) = \beta_s \geq 0 \tag{7.49}$$

São calculados diversos valores de $\beta = \beta_i$ para uma gama de valores de $\mathbf{X} = \mathbf{X}_i$. A Equação (7.48) é o erro quadrático entre β_s e o valor exato de $\beta = \beta_i$ para $i = 1, ..., m$ pontos. Uma boa quantidade de pontos é $m = 4n$, onde n é o número de variáveis aleatórias. O ideal é que a amostragem de $\mathbf{X}$ cubra os valores prováveis que as variáveis de projeto $\mathbf{b}$ assumirão durante o processo de otimização do custo. Uma vez obtidos os valores de $\mathbf{a}_0$, $\underline{\mathbf{a}}_1$ e $\underline{\mathbf{a}}_2$, β_s é calculado pela Equação (7.45) e o Problema O3s é resolvido.

7.5.5 RESULTADOS NUMÉRICOS

Foi escolhida uma seção transversal para análise similar à descrita na Figura 7.8, com b_w = 30 cm, h = 55 cm, c = 3 cm, A'_s = 1,6 cm² (2 φ 10 mm), A_s = 20 cm² (4 φ 25 mm) e ϕ_t = 6 mm. Com isso, foi calculado e adotado d' = 4,9 cm – NBR-6118 (ABNT, 2014). Foi determinado o momento fletor resistente desta seção resolvendo-se o Problema O1 e o resultado obtido mostrado na Tabela 7.6 . Demais dados do problema são mostrados nessa tabela. Na Tabela 7.6 observa-se que na solução ótima do Problema O1 ε_c = 3,5 %o = 3,5/1000 e ε_s = 7,4 %o. Obtém-se que M_{rd} = 386 kN.m. Esse cálculo foi realizado de acordo com a NBR-6118 (ABNT, 2014).

Resolvendo-se o Problema O2, obtêm-se os resultados mostrados na Tabela 7.7. Com isso tem-se que o valor de β obtido para esta seção, pelo dimensionamento segundo a NBR-6118 (ABNT, 2014), é β = 2,86. Esse valor é extremamente coerente com aqueles dados pela Tabela 7.6 para vigas em concreto armado. Daqui por diante, adotar-se-á o valor de β = 2,7 para o projeto das seções transversais.

Tabela 7.6   Resultado ótimo do Problema de Otimização O1

ε_c (‰)	ε_s (‰)	Rc (tf)	R's (tf)	Rs (tf)	Mrd (tf)
3,50	7,36	−81,293	−6,830	88,123	38,591

Com isso, procede-se à minimização do custo do concreto armado impondo-se como restrição β = 2,7. Na Tabela 7.9 é mostrada a composição do custo total e dos custos unitários do concreto armado considerados no presente exemplo. Os custos apresentados refletem o custo da matéria-prima e da mão de obra para aplicação. Para otimizar o custo do concreto armado deve ser resolvido o Problema O3s. Mas antes, para o cálculo de β_s, deve ser solucionado o Problema O3s-a. Os valores das constantes $\mathbf{a_0}$, $\underline{\mathbf{a}}_1$ e $\underline{\mathbf{a}}_2$ são mostrados na Tabela 7.10. Com essas constantes é possível calcular a função β_s. Com $\beta \cong \beta_s$, resolve-se o Problema O3s e obtém-se a solução mostrada nas Tabelas 7.11 a 7.18. Nessas tabelas, x_{ko} representa os valores iniciais adotados para as variáveis aleatórias, enquanto x_k representa os valores ótimos obtidos. Observa-se que o menor custo é obtido com um concreto fck = 32,8 MPa. Ou seja, para um transporte de 200 km o valor ótimo de fck a ser adotado para o concreto, de acordo com as conclusões obtida no presente exemplo, é 33 MPA. Arredondando-se para valores usuais, pode-se concluir que o fck indicado é de 35 MPa para esse pré-fabricado que viaja até 200 km.

A utilização do Solver do Excel para a solução de problemas de otimização **133**

Tabela 7.7 Valores da média e desvio padrão para o cálculo do β da seção transversal analisada (solução do Problema O2)

Variáveis aleatórias	Unidade	μ	σ	V	f/d	xk	Distribuição
fc	MPa	40,78	3,50	9%	f	35,0	Normal
fy	MPa	598,80	59,88	10%	f	500,0	Normal
c	cm	3,00	0,30	10%	d	3,5	Normal
h	cm	55,00	0,61	1%	f	54,0	Normal
bw	cm	30,00	0,61	2%	f	29,0	Normal
Mg	tf.m	10,60	1,06	10%	d	12,3	Normal
Mq	tf.m	10,60	2,65	25%	d	15,0	Extremos Tipo I

Nas Tabelas 7.17 e 7.18 são mostrados os valores inicial e ótimo para o custo do concreto armado. Nessas tabelas $β_r$ é o valor real exato de $β$ e $β_s$ o aproximado; observa-se que a diferença entre o real e o aproximado é da ordem de 4%, o que é uma boa precisão para um problema de engenharia de estruturas civis. O procedimento adotado promoveu uma redução de 15% no custo do concreto armado. Nesse caso (Tabelas 7.17 e 7.18) a área de aço foi considerada como uma variável contínua. O custo mostrado na Tabela 7.9 é o custo ótimo para o problema resolvido considerando-se o aço como variável discreta. Observa-se um leve aumento de custo nesse caso, porém mais realista, visto que a área de aço é uma variável discreta.

Tabela 7.8 Valores ótimos do cálculo do β da seção transversal analisada (solução do Problema O2)

Cálculo da confiabilidade do concreto armado				
βc =	0,17	fc =	40	MPa
βy =	2,06	fy =	476	MPa
βcc =	0,13	c =	3	cm
βh =	0,25	h =	55	cm
βb =	0,04	bw =	30	cm
βg =	0,73	Mg =	11	tf.m
βq =	1,82	Mq =	15	tf.m
β =	2,86		F.O.	
M = Mu - Md =	0	tf.m	s.a.	

134
Otimização de projetos de engenharia

Tabela 7.9   Cálculo do custo do concreto armado – custos unitários e custo total

Custo	Unidade	Qtde	Cunit	Ctot	Observação
Concreto	m^3/m	0,12	371,06	45,59	
Aço	m^2/m	16,20	4,50	72,91	
forma	m^2/m	1,40	10,00	13,96	
frete	t/m	0,31	70,00	21,50	até 200 km
TOTAL GERAL				**153,96**	

Tabela 7.10   Valores das constantes a_0, a_1 e a_2 obtidas para o Problema O3s

a_0	a_1	a_{21}	a_{22}	a_{23}	a_{24}	a_{25}	a_{26}	a_{27}
7,000E-01	2,474E-01	2,488E-04	2,796E-05	7,699E-01	−1,133E-04	−3,953E-04	2,092E-01	−3,531E-01
−6,453E-02	1,546E-05	4,930E-05	−2,976E-05	3,998E-05	2,523E-04	8,896E-05	2,758E-05	3,139E-05
6,390E-04	1,798E-03	6,285E-05	5,311E-05	4,100E-03	3,550E-04	2,051E-05	1,435E-03	−2,940E-03
−1,204E+00	1,613E-03	−4,837E-05	7,343E-05	2,173E-05	−2,908E-04	1,392E-05	1,504E-04	1,957E-04
5,013E-02	6,886E-02	−3,508E-05	−4,600E-05	−1,494E-02	3,785E-06	−3,557E-05	2,665E-05	3,048E-05
2,224E-04	4,386E-04	3,041E-04	−1,126E-04	1,607E-05	1,590E-03	4,784E-04	6,438E-05	7,224E-05
1,536E-02	1,800E-05	5,490E-04	−2,231E-04	5,393E-05	3,220E-03	1,019E-03	1,673E-04	1,673E-04

Tabela 7.11   Solução ótima – variáveis aleatórias e de projeto

Variáveis aleatórias	xk	cv	βai	xk_0	b
fc	33	10%	0,32	25	b_1
fy	500	10%	1,86	**500**	
c	3	10%	0,11	3	
h	57	1%	0,24	55	b_2
bw	20	2%	0,05	30	b_3
Mg	13	10%	0,73	13	
Mq	15	25%	1,74	15	
β			**2,7**		

A utilização do Solver do Excel para a solução de problemas de otimização 135

Tabela 7.12 Solução ótima – variáveis aleatórias e de projeto

Variáveis aleatórias	Unidade	μ	σ	V	f/d	xk	Distribuição
fc	MPa	39,28	3,93	10%	f	32,8	Normal
fy	MPa	598,80	59,88	10%	f	500,0	Normal
c	cm	2,58	0,26	10%	d	3,0	Normal
h	cm	57,87	0,58	1%	f	56,9	Normal
bw	cm	20,68	0,41	2%	f	20,0	Normal
Mg	tf.m	11,16	1,12	10%	d	13,0	Normal
Mq	tf.m	10,62	2,65	25%	d	15,0	Extremos Tipo I

Tabela 7.13 Solução ótima – variáveis aleatórias e de projeto

Cálculo da confiabilidade do concreto armado				
$\beta c =$	0,32	fc =	38	MPa
$\beta y =$	1,86	fy =	488	MPa
$\beta cc =$	0,11	c =	3	cm
$\beta h =$	0,24	h =	58	cm
$\beta b =$	0,05	bw =	21	cm
$\beta g =$	0,73	Mg =	12	tf.m
$\beta q =$	1,74	Mq =	15	tf.m

Tabela 7.14 Solução ótima – cálculo estrutural, variáveis aleatórias e de projeto

Valores de projeto				
$\gamma c =$	1,40	fcd =	27	MPa
$\gamma s =$	1,15	fyd =	424	MPa
$\gamma f =$	1,40	Md =	38	tf.m

Tabela 7.15 Solução ótima – cálculo estrutural, variáveis aleatórias e de projeto

Variáveis aleatórias e de projeto – projeto estrutural					
Geometria da seção de concreto armado			xk	xk_0	b
$\phi s =$	25	mm	ns =	4,046	4,000	b4
$\phi's =$	8	mm	n's =	2,000	2,000	b5
$\phi w =$	5	mm				
As =	19,9	cm²				
A's =	1,0	cm²				
d' =	4,4	cm				
d'' =	3,5	cm				
d =	53,4	cm				

Tabela 7.16 Solução ótima – cálculo estrutural, variáveis aleatórias e de projeto

Equilíbrio da seção					
Xln =	21,0	cm			
Rc =	−80,0	tf	zc =	−20,5	cm
Rs =	84,2	tf	zs =	24,5	cm
R's =	−4,3	tf	z's =	−25,4	cm
Mrd =	**38**	tf.m			

Tabela 7.17 Solução ótima – custo inicial

Custo inicial	Unidade	Qtde	Cunit (R$)	Ctot (R$)	Observação
Concreto fck 25 MPa	m³/m	0,17	350,00	60,50	β s init = 2.7
Aço	kg/m	16,38	4,50	73,71	β r init = 2.8
Forma	m²/m	1,43	10,00	14,26	**−4%**
Transporte (Frete)	t/m	0,43	70,00	30,25	até 200 km
TOTAL GERAL				**178,72**	

Tabela 7.18 Solução ótima – custo final

Custo final	Unidade	Qtde	Cunit (R$)	Ctot (R$)	Observação
Concreto fck 33 MPa	m³/m	0,12	368,40	43,94	βs = 2.7
Aço	kg/m	16,38	4,50	73,71	βr = 2.8
Forma	m²/m	1,36	10,00	13,61	**–4%**
Transporte (Frete)	t/m	0,30	70,00	20,87	até 200 km
TOTAL				**152,13**	**–15%**

7.5.6 CONCLUSÕES

Foi realizada a formulação para a verificação de vigas em concreto submetidas a flexão reta, assim como foi apresentada a formulação para o problema de cálculo da probabilidade de falha do modelo de cálculo da NBR-6118 (ABNT, 2014), ambas baseadas em técnicas de otimização. Foi proposto um problema para a minimização do custo do concreto armado impondo-se uma probabilidade de falha. Um procedimento simplificado para o cálculo do índice de confiabilidade foi apresentado e utilizado nos problemas resolvidos. As principais conclusões do exemplo foram:

- o procedimento simplificado para o cálculo do índice de confiabilidade aqui proposto é bastante preciso para a aplicação no cálculo estrutural civil, sendo constatado nos problemas analisados que o erro entre o valor exato e o aproximado é inferior a 5%;

- o procedimento simplificado é mais fácil de ser implementado e mais rápido computacionalmente;

- o procedimento simplificado é prático e preciso e pode ser utilizado para o cálculo da confiabilidade do concreto armado em seções submetidas a flexão reta;

- no problema analisado concluiu-se que o fck ideal para a peça pré-fabricada em concreto armado que viaja 200 km é de 33 MPa.

CAPÍTULO 8
Métodos de otimização inspirados na natureza

Neste capítulo, apresentam-se alguns métodos de otimização de projetos inspirados na natureza. Essa, como se sabe, produz, quase sempre, indivíduos otimizados às condições ambientes. Entre esses métodos, os mais pesquisados em tempos recentes são os algoritmos genéticos e, em virtude disso, são os mais desenvolvidos e conhecidos. Neste caso o problema trata normalmente de variáveis discretas. Vários outros métodos dessa família terão aqui suas bases expostas, mas não serão implementados.

8.1 APRESENTAÇÃO DO PROBLEMA PARA VARIÁVEIS DISCRETAS

Os problemas de otimização estrutural para variáveis discretas resolvidos neste trabalho podem ser apresentados na forma:

Determine $\mathbf{b} \in \mathfrak{R}^n$ que minimize a função objetivo

$$f(\mathbf{b},T) = \overline{f}(\mathbf{b},T) + \int_0^T \tilde{f}(\mathbf{b},\mathbf{z},\dot{\mathbf{z}},\ddot{\mathbf{z}},t)dt. \tag{8.1}$$

Sujeito às restrições estáticas:

$$g_i = \overline{g}_i(\mathbf{b},T) + \int_0^T \tilde{g}_i(\mathbf{b},\mathbf{z},\dot{\mathbf{z}},\ddot{\mathbf{z}},t)dt \begin{cases} = 0 \text{ para } i = 1,...,l \\ \leq 0 \text{ para } i = l+1,...,m \end{cases}. \tag{8.2}$$

Sujeito às restrições dinâmicas:

$$g_i = \tilde{g}_i(\mathbf{b}, \mathbf{z}, \dot{\mathbf{z}}, \ddot{\mathbf{z}}, t) \begin{cases} = 0 \text{ para } i = m+1, ..., l' \\ \leq 0 \text{ para } i = l'+1, ..., m' \end{cases} \text{ para } t \in [0, T]. \tag{8.3}$$

Com

$$b_i \in \mathbf{b}_i \equiv \{b_{i1} \quad b_{i2} \quad \cdots \quad b_{iN_{Ei}}\}, \tag{8.4}$$

onde b_{i1}, b_{i2}, ..., $b_{i\,NEi}$ são os N_{Ei} possíveis valores discretos que podem ser assumidos pela variável b_i.

Nos problemas tratados aqui, as variáveis de estado $\mathbf{z}(t)$, ou vetor deslocamento, devem satisfazer as equações do movimento:

$$\mathbf{M}\ddot{\mathbf{z}} + \mathbf{C}\dot{\mathbf{z}} + \mathbf{K}\mathbf{z} = \mathbf{p}(t), \quad \forall\ t \in [0, T], \tag{8.5}$$

com as condições iniciais $\mathbf{z}(0) = \mathbf{z}_0$ e $\dot{\mathbf{z}}(0) = \dot{\mathbf{z}}_0$. As restrições com respostas dinâmicas são funções explícitas das variáveis de estado e implícitas das variáveis de projeto. Para avaliá-las é necessário resolver o Sistema (8.5), que precisa ser integrado numericamente. Para tanto, o intervalo $[0,T]$ deve ser discretizado.

8.2 ALGORITMO DE EVOLUÇÃO DIFERENCIAL

O algoritmo da evolução diferencial trabalha com uma população de projetos. A cada iteração, chamada uma geração, um novo projeto é gerado usando alguns projetos atuais e operações aleatórias. Se o novo projeto é melhor que um progenitor pré-selecionado, então ele toma seu lugar na população. Caso contrário, o antigo projeto é preservado e o processo é repetido.

Comparado aos algoritmos genéticos, eles são de implementação computacional mais fácil, não necessitando trabalho com números binários. Os passos básicos são os que seguem.

1. Geração da população inicial de projetos, em um número grande N_p. Cada projeto, ponto ou vetor é também chamado *cromossomo*, e suas componentes são os *genes*. Para cobrir o espaço das variáveis de projeto é interessante sortear valores aleatórios entre os limites inferior e superior dessas variáveis.

2. Mutação para geração dos assim chamados *vetores de projeto doadores*. Selecionam-se três vetores da população corrente. A diferença entre dois desses vetores é multiplicada por um fator de escala e somada ao terceiro vetor para formação do doador. Além disso, seleciona-se um *vetor pai*.

3. Cruzamento/recombinação para gerar os assim chamados vetores de projeto tentativos. Nessa etapa, o *vetor doador* troca alguns genes (componentes) com o *vetor pai* (o cruzamento).

4. Seleção, isto é, aceitação ou rejeição de vetores de projeto tentativos usando uma função de adequabilidade, que é usualmente a função de custo (função objetivo).

8.3 COLÔNIA DE FORMIGAS

Esse algoritmo emula o comportamento de busca de alimento das formigas. Está relacionado com grafos representando a busca de um caminho ótimo entre a colônia e a fonte de alimento. Um problema clássico similar é o do caixeiro-viajante que busca o percurso ótimo para visitar todos seus clientes em uma viagem. A Teoria dos Grafos foi iniciada por Euler no contexto das pontes de Konigsberg.

O método envolve o conceito biológico de *feromônio*, derivada do grego *pherin* (transportar) e *hormone* (estimular). Refere-se à substância química secretada pelos insetos que estimula o comportamento social entre membros da mesma espécie. As formigas vão depositando esse produto em seu caminho, levando outras a seguirem-no em vez de um outro. O passar de muitos insetos numa mesma trilha eleva a densidade de feromônio, indicando os caminhos mais usados ou favoráveis. Se um caminho é abandonado (por não levar a fonte de alimento ainda a explorar), o composto evapora com o tempo.

8.4 NUVEM DE PARTÍCULAS

Esse algoritmo simula o comportamento social de cardumes de peixes ou revoadas de pássaros. Como se sabe, indivíduos de grandes grupos desses animais parecem se comportar exatamente da mesma maneira, sem comunicação humanamente sensível entre eles, quando em busca de alimento ou fuga de predadores. Pesquisas recentes parecem indicar que, por estarem todos os membros do grupo sob o mesmo estímulo, tendem a responder a ele de forma exatamente igual, no limite, que seria a resposta ótima a esse estímulo.

O método chama de *partícula* ou *agente* um dado indivíduo do grupo, e sua posição corresponde a um projeto diferente em potencial. Ele deve memorizar sua posição corrente bem como a melhor posição atingida até essa etapa, até que todas as partículas atinjam a melhor posição possível.

8.5 ALGORITMOS GENÉTICOS

O grande sábio inglês Charles Darwin (1809-1882), em sua obra máxima *On the Origin of Species by Means of Natural Selection [A origem das espécies e a seleção natural]*, de 1859, legou à humanidade a teoria que hoje se considera definitiva sobre a evolução das espécies. Em resumo, afirma que, à medida que as gerações passam, pequenas alterações em suas características podem acontecer de forma aleatória. As alterações favoráveis tendem a ser transmitidas às próximas gerações por progenitores mais adaptados ou mais competitivos, enquanto as desfavoráveis tendem a desaparecer. Dessa forma, as espécies evoluem, presumivelmente para melhor. Essa é a chamada seleção natural.

É importantíssimo notar o papel do meio ambiente no processo. Uma mutação pode levar a um indivíduo melhor adaptado ou não às condições ambientes. E mudanças, também aleatórias, nessas condições podem mudar as possibilidades de sobrevivência desse indivíduo. Um exemplo clássico é o das borboletas brancas que se confundiam com os troncos claros de árvores em regiões da Grã-Bretanha. Devido à revolução industrial que escureceu esses troncos com poluição, as borboletas escuras passaram a proliferar.

Com o extraordinário avanço da capacidade computacional disponível hoje em dia, uma ideia bastante interessante em simulações numéricas em todos os ramos da ciência é a aplicação de métodos tipo Monte Carlo. Neles, um grande número de simulações pode ser feito com variação aleatória de parâmetros. Da nuvem de resultados obtidos se podem fazer avaliações aproximadas, preferencialmente baseadas em estatísticas, das características de um fenômeno muito complexo dependente de um número muito grande de parâmetros, às vezes pouco conhecidos.

Com base nessas duas ideias, da seleção natural e dos métodos tipo Monte Carlo, aparecem os algoritmos genéticos. Neles, em resumo, um conjunto de projetos gerados aleatoriamente passa de "geração" em "geração", com introdução também aleatória de pequenas alterações em suas características. A função objetivo é calculada em cada etapa para todos os projetos de forma a se avaliar se a alteração é favorável ou não, segundo algum critério, e se deve ser passada à geração seguinte ou não.

Como se vê, depende de grande capacidade de processamento e não há uma forma confiável ou garantida de se afirmar que um certo conjunto de características é o projeto ótimo que se busca.

Importante: os algoritmos genéticos, pelo menos nas versões atuais, não levam em consideração as mudanças aleatórias no "meio ambiente" (as condições de projeto). Este permanece constante durante o processo de otimização.

Seguem algumas definições:

População. É o conjunto de pontos, cada um deles um projeto diferente gerado aleatoriamente. N_p é o número desses projetos ou tamanho da população.

Geração. É uma iteração do algoritmo.

Cromossomo. É o vetor de valores das variáveis de projeto de um dado ponto. Também chamado de projeto ou cadeia genética.

Gene. É um particular valor (um escalar) de uma das variáveis de projeto, um componente do cromossomo.

Função de aptidão. Define a importância relativa de um projeto. Um valor maior é um projeto melhor.

Reprodução. É um operador em que um projeto antigo é passado a uma nova geração segundo seu nível de aptidão. É o processo seletivo.

Plantel de acasalamento. Parte da população que participará do processo de reprodução, escolhido entre os membros mais aptos dela, avaliados pela função de aptidão.

Cruzamento. É o processo pelo qual membros selecionados de uma nova população trocam características entre si.

Mutação. É a mudança aleatória de uma característica (gene) qualquer.

Critério de parada. Se a melhoria na melhor função objetivo é menor que um dado valor pequeno para as últimas iterações consecutivas (em número definido), ou o número de iterações excede um valor especificado, o algoritmo é encerrado.

Imigração. Introdução de projetos completamente novos na população, em busca de diversidade, em algumas iterações, quando a convergência for lenta.

Um algoritmo genético (AG) começa com um conjunto de projetos, denominados população inicial ou primeira geração. Cada projeto, também denominado membro da população, é representado por uma *string* binária. Dessa geração, a próxima é formada utilizando-se três operadores: reprodução, cruzamento e mutação. Reprodução é um operador por meio do qual um projeto corrente (atual) é introduzido numa nova população de forma tal que as suas características são transferidas aos membros mais aptos da população. Cruzamento corresponde a permitir que, aleatoriamente, determinados membros da população troquem características dos projetos entre eles. O operador mutação é utilizado para proteger o processo de uma perda completa prematura de material genético valioso durante a reprodução e o cruzamento. Ao final, um projeto com uma melhor aptidão é adotado como o projeto ótimo. Observa-se então que surge neste algoritmo a necessidade de se medir a aptidão de um projeto e ainda de se definirem procedimentos para a seleção aleatória de membros da população. O AG não requer a diferenciabilidade das funções envolvidas nos problemas; ele somente assume que as funções podem ser computadas para um dado projeto.

A primeira tarefa em um algoritmo genético é representar os projetos. Nos problemas de otimização com variáveis discretas, a cada variável está associado um vetor que representa os valores discretos que essa variável pode assumir. Então um esquema precisa ser definido para selecionar um valor para cada variável de projeto. Esse esquema pode ser efetuado com a criação de uma *string* binária **B**. Para elucidar como essa *string* é determinada foi elaborado o exemplo abaixo.

144   *Otimização de projetos de engenharia*

Exemplo 8.1: Criação de uma *string* binária **B** para definição de um projeto no AG

Considere um problema de otimização discreta com duas variáveis de projeto: b_1 e b_2. A variável b_1 pode assumir qualquer valor do conjunto representado pelo vetor $\mathbf{b}_1^t = [b_{11}\ b_{12}\ b_{13}\ b_{14}\ b_{15}\ b_{16}]$, enquanto a variável b_2 pode assumir qualquer valor do conjunto representado pelo vetor $\mathbf{b}_2^t = [b_{21}\ b_{22}\ b_{23}\ b_{24}\ b_{25}]$. Para se definir um projeto neste problema de otimização é necessário selecionar um valor para b_1 e outro para b_2, dentro dos diversos valores definidos em $\mathbf{b}_1$ e $\mathbf{b}_2$. Essa escolha é baseada na numeração da posição de cada valor que pode ser assumido por uma dada variável de projeto, porém o número que representa a posição é dado na base binária. Veja a Tabela 8.1 para elucidar o procedimento.

Tabela 8.1   Exemplo de criação de *strings* binárias para a representação de uma variável de projeto

Posição	Variável			
	b_1		b_2	
	String	**Valor**	**String**	**Valor**
1	000	b_{11}	000	b_{21}
2	001	b_{12}	001	b_{22}
3	010	b_{13}	010	b_{23}
4	011	b_{14}	011	b_{24}
5	100	b_{15}	100 a 111	b_{25}
6	101 a 111	b_{16}	—	—

Então, neste esquema, a escolha do valor b_{13} para a variável de projeto b_1 é representada pela *string* {010} que representa a posição de número 3 no vetor $\mathbf{b}_1$, enquanto qualquer *string* de {101} a {111} representa o valor b_{16}. Analogamente, a representação binária do valor b_{21} para a variável de projeto b_2 é {000}, *string* que representa a posição de número 1 no vetor $\mathbf{b}_2$. Observe que o valor numérico decimal da *string* binária que representa a posição 1 é 0, o da que representa a posição 2 é 1, o da que representa a posição 3 é 2 etc. Assim, o projeto $\mathbf{b}^t = [b_{13}\ b_{21}]$ é representado então pela *string* **B** = {010000}. Cada componente de **B** (0 ou 1) é denominada *bit* ou gene, enquanto **B** é denominada DNA do projeto. A *string* obtida neste exemplo apresenta 6 *bits*. É importante notar que, no exemplo acima para a posição 6 da variável b_1, por exemplo, existe mais de uma *string* binária para representá-la. Tal fato privilegia de certa forma esse valor para a variável de projeto. Arora, Huang e Hsieh (1994) apresentam um procedimento para se evitar esse tipo de problema.

Métodos de otimização inspirados na natureza

Uma vez que um procedimento para a determinação de **B** (*string* binária) é definido, uma primeira população com N_p membros é criada utilizando-se N_p *strings* **B**. O tamanho da população é mantido constante de uma geração para a outra. A próxima tarefa é definir um critério de reprodução. Esse critério é baseado em uma função de aptidão. Esta é definida tal que um projeto com um maior valor de aptidão tenha uma maior probabilidade de seleção para reprodução. Os membros mais aptos da população são selecionados pelo processo de reprodução e agrupados em um grupo de acasalamento, de onde são selecionados membros para o cruzamento e mutação. O próximo operador, cruzamento, é realizado entre dois projetos denominados parentes. Para essa finalidade dois projetos são selecionados aleatoriamente. Estes são denominados projetos parentes. Então os projetos parentes são quebrados em segmentos (conjuntos de *bits* consecutivos) e alguns desses segmentos são trocados com os correspondentes do outro parente. A mutação arbitrariamente alterna o valor do gene (de 0 para 1 ou vice-versa) de acordo com uma probabilidade predeterminada.

Os diversos AG diferem entre si de acordo com a implementação da reprodução, cruzamento e mutação. O AG utilizado neste trabalho é baseado naquele desenvolvido originalmente por Arora, Huang e Hsieh (1994) e aprimorado posteriormente por Kocer e Arora (1999), o qual se encontra disponível no pacote computacional iDesign, do Optimal Design Laboratory da University of Iowa. Nessa implementação, os projetos inviáveis (aqueles que violam as restrições) não são rejeitados e as violações de restrições são utilizadas para definir a seguinte função de penalidade:

$$p_i = f_i + RK_{bi} \tag{8.6}$$

onde f_i é a função objetivo para o i-ésimo projeto, $R > 0$ é um parâmetro de penalidade e K_{bi} é a máxima violação de restrição do i-ésimo projeto, ou seja, K_b para o i-ésimo projeto. O parâmetro de penalidade deve ser escolhido cuidadosamente, de tal forma que nem f_i nem $R K_{bi}$ dominem (8.6). Na implementação adotada neste trabalho, R é calculado baseado nos valores da função objetivo para a primeira geração:

$$R = \frac{\sum\limits_{i=1}^{N_p} f_i}{N_p \varepsilon}, \tag{8.7}$$

onde ε é o valor aceitável para a máxima violação de restrição.

Baseado na definição da função de penalidade (8.6), define-se então a função de aptidão para o i-ésimo projeto como:

$$F_i = (1 + \vartheta) p_{max} - p_i \tag{8.8}$$

onde $\vartheta > 0$ é um número pequeno utilizado para forçar convergência e p_{max} é o maior valor da função da penalidade para a primeira geração. Observa-se que o valor de p_{max} é constante para todo o restante do projeto.

146   *Otimização de projetos de engenharia*

Na implementação do cruzamento dois projetos são selecionados aleatoriamente. Então um número aleatório do intervalo [0, 1] é gerado. Se esse número for menor do que a probabilidade de cruzamento P_c, então o cruzamento é realizado, ou seja, os valores de dois *bits* consecutivos são trocados pelo par. Caso contrário, esses dois parentes são desprezados e um novo par é selecionado. A probabilidade de cruzamento P_c adotada neste trabalho é igual a 0,5.

A mutação é implementada em cada *bit* da *string* **B**. Isso significa que para cada *bit* de toda a população um número aleatório é selecionado e, se esse número for maior que a probabilidade de mutação P_m, a mutação é realizada. Entretanto, essa implementação requer a seleção de uma grande quantidade de números aleatórios. Essa quantidade é igual ao tamanho da população multiplicado pelo número de *bits* que representa um projeto. Com isso, em vez de selecionar um número aleatório para cada *bit*, calcula-se o número esperado de mutações e então se executa as várias mutações. Esse número é igual a $P_m N_p N_b$, onde N_b é o número de *bits* que representa um projeto. No Exemplo 8.1 tem-se $N_b = 6$. Assim, um projeto aleatório é escolhido. Neste projeto um *bit* aleatório é selecionado e, caso seu valor seja igual a 0, ele será mudado para 1, e vice-versa. Esse procedimento será repetido $P_m N_p N_b$ vezes. A probabilidade de mutação P_m adotada neste trabalho é igual à 0,3.

É necessário ainda se determinar o tamanho da população N_p, um critério de parada e um número-limite para o número de iterações. O número possível de projetos para um determinado problema é calculado como:

$$N_E = \prod_{i=1}^{n} N_{Ei} \tag{8.9}$$

onde N_{Ei} é o número de valores discretos para a i-ésima variável e n o número total de variáveis de projeto. No Exemplo 8.1 tem-se $N_{E1} = 6$ e $N_{E2} = 5$ e, consequentemente, $N_E = 30$. Define-se também a razão

$$\chi = \frac{N_E}{n_1}. \tag{8.10}$$

O seguinte procedimento determina o valor de N_p:

Se $N_E \leq n_2 n$, então

$$N_p = N_E,$$

senão,

se $\chi < n_3 n$, então

$$N_p = n_3 n,$$

senão,

Métodos de otimização inspirados na natureza **147**

se $\chi > n_4 n$, então

$$N_p = n_4 n,$$

senão

$$N_p = \chi$$

Na corrente implementação é adotado $n_1 = 1000$, $n_2 = 6$, $n_3 = 2$ e $n_4 = 8$.

Um dos critérios de parada para o presente algoritmo é baseado na mudança dos valores da função de aptidão e pode ser representado pela expressão:

$$\frac{\left[\max_{1 \leq i \leq N_p} p_i\right]_{k+1} - \left[\max_{1 \leq i \leq N_p} p_i\right]_k}{\left[\max_{1 \leq i \leq N_p} p_i\right]_{k=1}} \leq \varepsilon', \tag{8.11}$$

onde k é a k-ésima iteração e ε' um número pequeno adotado igual a 10^{-3}. Segundo Kocer e Arora (1999), um valor razoável para o número máximo de iterações seria $3n$. Então o segundo critério de parada adotado neste trabalho é:

$$k < 3n. \tag{8.12}$$

Outros critérios de parada podem ser obtidos em Arora, Huang e Hsieh (1994).

Algoritmo genético:

Passo 1 – Defina um esquema (*string* binária **B**) para representar um dado projeto.

Passo 2 – Aleatoriamente gere N_p *strings* (membros da população). Faça $k = 0$.

Passo 3 – Defina as funções de penalidade (8.6) e de aptidão (8.8).

Passo 4 – Calcule os valores de aptidão para todos os projetos. Faça $k = k + 1$.

Passo 5 – Reprodução:

5.1 Selecione um líder (um projeto) da geração anterior. Salve este projeto duas vezes. Copie um para a próxima geração e envie o outro para o grupo de acasalamento.

5.2 Calcule a probabilidade de seleção de cada projeto utilizando a equação

$$P_i = \frac{F_i}{\sum_{j=1}^{N_p} F_j}$$

e monte o seguinte esquema:

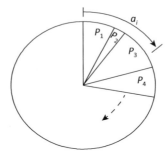

onde a área total do círculo acima é igual a 1.

5.3 Selecione aleatoriamente, conforme o esquema acima, $N_p - 1$ projetos gerando $N_p - 1$ números aleatórios a_i entre [0, 1]. No esquema mostrado acima, para o número a_i gerado aleatoriamente, foi escolhido o projeto com a probabilidade P_3. Estes $N_p - 1$ projetos e o líder formam o grupo de acasalamento para as operações de cruzamento e mutação. Um mesmo projeto pode ser escolhido mais de uma vez, enquanto outros podem não ser escolhidos nenhuma vez.

Passo 6 – Cruzamento:

6.1 Selecione dois projetos (um para cruzamento) do grupo de acasalamento.

6.2 Gere um número aleatório. Se esse número for menor que a probabilidade de cruzamento, P_c, faça o cruzamento: selecione dois *bits* consecutivos na *string* que representa um dos projetos e troque pelos *bits* correspondentes do outro projeto (cruze os *bits*, os que pertenciam a um projeto passarão a pertencer ao outro). Vá a 6.1 e repita o processo até que todos os projetos da população tenham sido selecionados pelo menos uma vez.

Passo 7 – Mutação:

7.1 Calcule o possível número de mutações, $N_m = P_m N_p N_b$.

7.2 Escolha N_m projetos do grupo de acasalamento. Para cada projeto, selecione uma posição na *string* e troque 0 por 1, ou vice-versa.

Passo 8 – Se os critérios de parada forem satisfeitos, *i.e.*, se as Equações (8.11) e (8.12) forem satisfeitas, então pare o processo; caso contrário, vá ao passo 4.

Exemplo 8.2: Determinação do perfil ótimo para uma barra de treliça submetida a tração.

Estruturas treliçadas são bastante comuns na engenharia. Veja na Figura 8.1 um exemplo de uma torre de telecomunicação, treliçada e em perfis cantoneiras.

Figura 8.1 Típica torre de telecomunicação.

O principal carregamento são as cargas devidas ao vento. As barras trabalham preponderantemente a tração ou a compressão, dependendo da direção do vento, conforme mostrado na Figura 8.2.

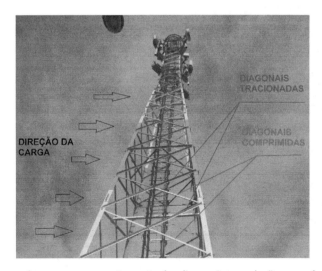

Figura 8.2 Esquema de cargas e comportamento das diagonais em relação aos esforços internos.

As barras devem atender ao limite de tensão admissível, ou seja, a tensão atuante na peça não deve ser superior ao valor admissível. Na Figura 8.3 é mostrada uma cantoneira submetida a uma carga $P = 10$ tf de tração. O material que compõe a cantoneira é aço com uma tensão admissível $\sigma_a = 2{,}25$ tf/cm². A área da seção transversal A é a variável de projeto e a função objetivo do problema de otimização.

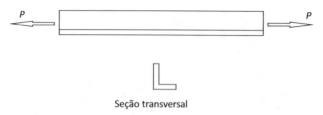

Seção transversal

Figura 8.3 Cantoneira submetida à força de tração.

O problema de otimização é escrito como:

Determine $b_1 = A$ que minimize a $f(b_1) = b_1$, sujeito à restrição

$$g_1 = P/A - \sigma_a \leq 0 \tag{8.13}$$

A variável de projeto b_1 deve assumir um dos valores mostrados na Tabela 8.2.

Tabela 8.2 Valores que podem ser assumidos para o projeto da seção transversal

POSIÇÃO	Variável b_1		
	String	Perfil	Área (cm²)
1	00	L 2" x 1/8"	3,13
2	01	L 2" x 3/16"	4,62
3	10	L 2" x 1/4"	6,04
4	11	L 2" x 5/16"	7,43

De antemão pode-se concluir que o projeto 01 é o que possui a menor área e atende à Restrição (8.13).

Resolvendo o problema utilizando o algoritmo genético, calcula-se $N_p = 4$, e gera-se a população inicial mostrada na Tabela 8.3. Observe nessa tabela que o projeto com a melhor aptidão é justamente o relacionado à *string* 01. Na Figura 8.4 é mostrada a roleta para a população inicial. Os projetos 2, 3 e 4 são os que possuem a maior probabilidade de reprodução. O projeto 1, que viola a Restrição (8.13), apresenta uma probabilidade muito pequena de ser escolhido para a reprodução.

Tabela 8.3 População inicial ($k = 0$)

POSIÇÃO	Variável			Cálculo da função da penalidade				Cálculo da função de aptidão		P_i	Acumulado P_i
	String	Perfil	Área (cm²)	f_i	R	Kb_i	p_i	p_{max}	F_i		
1	00	L 2" x 1/8"	3,13	3,13	5305	0,945	5015,762	5015,762	5,016	0,03%	0,03%
2	01	L 2" x 3/16"	4,62	4,62	5305	0,000	4,620	5015,762	5016,158	33,33%	33,36%
3	11	L 2" x 5/16"	7,43	7,43	5305	0,000	7,430	5015,762	5013,348	33,31%	66,68%
4	10	L 2" x 1/4"	6,04	6,04	5305	0,000	6,040	5015,762	5014,738	33,32%	100,00%

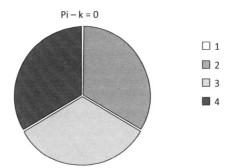

Figura 8.4 Roleta de probabilidade.

O projeto escolhido como líder é o com maior aptidão, ou seja, 01. Segue na Tabela 8.4 os projetos do grupo de acasalamento determinados conforme descrito no Passo 5 do algoritmo genético.

152   *Otimização de projetos de engenharia*

Tabela 8.4   Grupo de acasalamento ($k = 1$)

POSIÇÃO	Variável b_1			Cálculo da função da penalidade				Cálculo da função de aptidão	
	String	Perfil	Área (cm²)	f_i	R	Kb_i	p_i	p_{max}	F_i
1	01	L 2" x 3/16"	4,62	4,62	5305	0,000	4,620	5015,762	5016,158
2	01	L 2" x 3/16"	4,62	4,62	5305	0,000	4,620	5015,762	5016,158
3	10	L 2" x 1/4"	6,04	6,04	5305	0,000	6,040	5015,762	5014,738
4	10	L 2" x 1/4"	6,04	6,04	5305	0,000	6,040	5015,762	5014,738

Na Tabela 8.4 vê-se que os projetos relativos às *strings* 01 e 10 foram escolhidos para o grupo de acasalamento, enquanto os demais projetos foram preteridos. Aplicando agora o cruzamento e a mutação, e mantendo o líder, tem-se a segunda geração ($k = 1$), mostrada na Tabela 8.5. Novamente o projeto relativo à *string* 01 é o que apresenta a maior aptidão. Observe que a condição de parada (8.11) foi satisfeita, pois o resultado dessa equação é igual a 0. O projeto tomado como ótimo é o que apresenta a maior aptidão, ou seja, a *string* 01.

Tabela 8.5   População da segunda geração ($k = 1$)

POSIÇÃO	Variável b_1			Cálculo da função da penalidade				Cálculo da função de aptidão		P_i	Acumulado P_i
	String	Perfil	Área (cm²)	f_i	R	Kb_i	p_i	p_{max}	F_i		
1	01	L 2" x 3/16"	4,62	4,62	5305	0,000	4,620	5015,762	5016,158	33,33%	33,33%
2	00	L 2" x 1/8"	3,13	3,13	5305	0,945	5015,762	5015,762	5,016	0,03%	33,37%
3	11	L 2" x 5/16"	7,43	7,43	5305	0,000	7,430	5015,762	5013,348	33,32%	66,68%
4	11	L 2" x 5/16"	7,43	7,43	5305	0,000	7,430	5015,762	5013,348	33,32%	100,00%

O algoritmo, neste caso, convergiu em uma única iteração e o projeto ótimo foi exatamente a *string* 01, que equivale a um perfil L 2" x 3/16" com uma área de seção transversal de 4,62 cm². O genético conseguiu neste exemplo determinar realmente o ponto ótimo do sistema, mas, de uma maneira geral, não se tem garantia de que ele convergirá para o valor ótimo.

ANEXO 1
Métodos numéricos

Muitas vezes, soluções fechadas do problema de mínimos e máximos são muito trabalhosas ou mesmo inexistentes. Utilizam-se, nesses casos, procedimentos numéricos, como os que serão estudados neste livro.

Para se implementar computacionalmente os métodos de otimização descritos neste livro é necessária a programação de diversos métodos numéricos. Esta seção é destinada a um breve resumo dos seguintes métodos numéricos:

1. Na resolução dos sistemas lineares utiliza-se **decomposição de Cholesky**.

2. Para se determinar as integrais de funções ao longo do tempo, efetua-se **interpolação via splines cúbicos** e a seguir integração com **quadratura de Gauss-Legendre**. Para efeito de comparação, utiliza-se também a **regra do trapézio** no cálculo destas integrais.

3. Na resolução das equações do movimento utiliza-se os métodos de **Runge-Kutta de quarta e quinta** ordem e o **método de Newmark**.

4. Relativamente à minimização sem restrições (passo 2), utiliza-se o **método dos gradientes com busca unidimensional de Armijo**.

5. E, finalmente, o cálculo do gradiente do Lagrangeano aumentado é efetuado utilizando **diferenças finitas**, uma vez que nem todas as variáveis aparecem explicitamente.

A1.1 SOLUÇÃO DE SISTEMAS LINEARES

Os sistemas lineares em engenharia desempenham papel importante, já que tais sistemas constituem, segundo Calaes (1984), a aproximação mais simples para interpretação matemática de fenômenos originalmente muito complexos.

Considere então o sistema de equações:

$$\mathbf{A}\mathbf{x} = \mathbf{b}, \tag{A1.1}$$

onde $\mathbf{A} = \begin{bmatrix} a_{11} & a_{12} & \cdots & a_{1n} \\ a_{21} & a_{22} & \cdots & a_{2n} \\ \vdots & \vdots & & \vdots \\ a_{n1} & a_{n2} & \cdots & a_{nn} \end{bmatrix}$ e $\mathbf{b} = \begin{bmatrix} b_1 \\ b_2 \\ \vdots \\ b_n \end{bmatrix}$ são dados, e $\mathbf{x} = \begin{bmatrix} x_1 \\ x_2 \\ \vdots \\ x_n \end{bmatrix}$ é a incógnita.

Existem dois grandes grupos de métodos para se determinar $\mathbf{x}$ em (A1.1): os métodos diretos e os iterativos. Os métodos diretos fornecem a solução exata do sistema linear em um número finito de passos. No presente trabalho trataremos apenas do método direto de decomposição de Choleski, usual nos casos em que A é definida positiva.

O teorema de Choleski, cuja demonstração encontra-se em Goldenberg e Pimenta (1994a, 1994b), é o seguinte: se $\mathbf{A}$ é definida positiva, então existe $\mathbf{R}$ triangular superior com diagonal positiva tal que $\mathbf{A} = \mathbf{R}^T\mathbf{R}$ e que essa decomposição é única. É apresentada a seguinte solução:

$$R_{ii} = \left[A_{ii} - (R_{1i}^2 + R_{2i}^2 + \ldots + R_{(i-1)i}^2) \right]^{\frac{1}{2}}$$
$$R_{ij} = \left[A_{ij} - (R_{1i}R_{1j} + R_{2i}R_{2j} + \ldots + R_{(i-1)i}R_{(i-1)j}) \right] / R_{ii} \tag{A1.2}$$

onde $i = 1,\ldots,n$ e $j = i + 1,\ldots,n$. Observa-se que uma ordem conveniente para se resolver as equações (A1.2) é $R11, R12,\ldots, R1n, R22, R23,\ldots, R2n, R33,\ldots, Rnn$.

Uma vez obtido $\mathbf{R}$, a solução do sistema $\mathbf{A}\mathbf{x} = \mathbf{b}$ fica reduzida à solução de dois sistemas triangulares

$$\mathbf{R}^T\mathbf{y} = \mathbf{b} \quad \text{e} \quad \mathbf{R}\mathbf{x} = \mathbf{y} \tag{A1.3}$$

Para se resolver (A1.3) utilizam-se os procedimentos

$$y_i = \left[b_i - (R_{1i}y_1 + R_{2i}y_2 + \ldots + R_{(i-1)i}y_{(i-1)}) \right] / R_{ii}; \quad i = 1,\ldots,n$$
$$\text{e}$$
$$x_i = \left[y_i - (R_{in}x_n + R_{i(n-1)}x_{(n-1)} + \ldots + R_{i(i+1)}x_{(i+1)}) \right] / R_{ii}; \quad i = n,\ldots,1 \tag{A1.4}$$

Métodos numéricos　　　　　　　　　　　　　　　　　　　　　　　**155**

Um caso particular importante que será bastante utilizado neste trabalho é o caso em que A é tridiagonal. Nesse caso a decomposição de Choleski se resume a

$$R_{ii} = \left[A_{ii} - R_{(i-1)i}^2 \right]^{\frac{1}{2}}, \quad i = 1,...,n$$
$$R_{i(i+1)} = A_{i(i+1)} / R_{ii}, \quad i = 1,...,n-1$$

(A1.5)

e (A1.4) resulta em

$$y_i = \left[b_i - R_{(i-1)i} y_{(i-1)} \right] / R_{ii}; \quad i = 1,...,n$$
$$\text{e}$$
$$x_i = \left[y_i - R_{i(i+1)} x_{(i+1)} \right] / R_{ii}; \quad i = n,...,1$$

(A1.6)

A1.2 MÉTODOS DE INTEGRAÇÃO NUMÉRICA

A1.2.1 INTRODUÇÃO

Seja $S: [a,b] \to \mathbf{R}$ e

$$I(S) = \int_a^b S(x)dx$$

(A1.7)

sua integral definida. Prova-se que

$$I(S) = PS(b) - PS(a)$$

(A1.8)

onde $PS(x)$ é a função primitiva de $S(x)$. A Expressão (A1.8) é conhecida como Teorema Fundamental do Cálculo. Muitas integrais podem ser calculadas usando essa fórmula.

Existe uma variada gama de livros destinados a tratar este assunto; um bom exemplo é a obra de Piskunov (1979). Porém, muitas integrais não podem ser resolvidas usando (A1.8) porque seus integrandos podem não ter primitivas expressas em termos de funções elementares, como $\int_0^1 e^{x^2} dx$ e $\int_0^\pi x \, sen(\sqrt{x})dx$. Posto isso, é necessário desenvolver outros métodos para resolver essas integrais. Os métodos de integração numérica são uma maneira computacionalmente interessante de resolver esse problema.

Existem diversos métodos de integração numérica. Dentre eles pode-se destacar os métodos Newton-Cotes e a quadratura de Gauss. Sobre os métodos de Newton-Cotes é feito uma rápida explanação na Seção A1.2.2, e maiores detalhes são encontrados em Chapra e Canale (1988). A quadratura de Gauss, utilizando a base polinomial ortonormal de Legendre, é descrita na Seção A1.2.3. Segundo Atkinson (1993), os métodos da quadratura de Gauss são na sua maioria superiores em precisão do que os de Newton-Cotes.

A1.2.2 FÓRMULAS DE INTEGRAÇÃO DE NEWTON-COTES

Para facilitar o cálculo de $I(S)$, substitui-se $S(x)$ pelo polinômio $S_n(x)$ de ordem n, da forma

$$S_n(x) = a_0 + a_1 x + ... + a_{n-1} x^{n-1} + a_n x^n \tag{A1.9}$$

Um bom exemplo desse método é o da Figura A1.1(a), onde se substitui o integrando $S(x)$ por uma reta (processo de integração denominado regra do trapézio) e, na Figura A1.1(b), por uma parábola (integração pela regra de Simpson 1/3). Observando-se a Figura A1.1(a), deduz-se que

$$I = \int_a^b S(x) dx \cong (b-a) \frac{S(a) + S(b)}{2} \tag{A1.10}$$

sendo que o erro de truncamento, ou seja, o erro cometido utilizando-se esse método, segundo Chapra e Canale (1988), é

$$E_t = -\frac{1}{12} S''(\xi)(b-a)^3 \tag{A1.11}$$

onde ξ é um ponto do intervalo $[a,b]$.

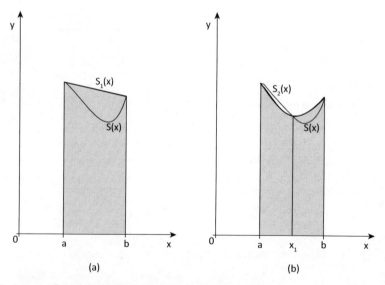

Figura A1.1 Integração pelo método de Newton-Cotes para $n = 1,2$.

Nesses métodos o segmento $[a,b]$ é subdividido em n trechos de comprimento h e $Sn(x)$ é a interpolação polinomial nos pontos $x_i = a + ih$, $i = 0,n$. Demonstra-se em Johnson e Riess (1982) que por $n+1$ pontos existe um e somente um polinômio inter-

Métodos numéricos

polador de ordem n. A Tabela A1.1 contém as fórmula de Newton-Cotes para aproximações com polinômios de ordem 1, 2 e 3.

Observa-se que nas fórmulas de Newton-Cotes os valores de $S(x)$ são requeridos somente nos pontos $x_i = a + ih$, $i = 0,n$. Na seção seguinte trata-se dos métodos de quadratura de Gauss, em que a diferença básica com os de Newton-Cotes é que o valor de $S(x)$ é requerido em pontos que não são necessariamente $x_i = a + ih$, $i = 0,n$.

Tabela A1.1 Fórmulas de Newton-Cotes e seus respectivos erros

Segmentos (n)	Números de pontos	Nome	Fórmula	Erro de truncamento
1	2	Regra do Trapézio	$(b-a)\dfrac{S(x_0)+S(x_1)}{2}$	$-\dfrac{1}{12}h^3 S''(\xi)$
2	3	Regra de Simpson 1/3	$(b-a)\dfrac{S(x_0)+4S(x_1)+S(x_2)}{6}$	$-\dfrac{1}{90}h^5 S^{(4)}(\xi)$
3	4	Regra de Simpson 3/8	$(b-a)\dfrac{S(x_0)+3S(x_1)+3S(x_2)+S(x_3)}{8}$	$-\dfrac{3}{80}h^5 S^{(4)}(\xi)$

A1.2.3 QUADRATURA DE GAUSS

A característica dessas fórmulas é que elas não fixam os pontos x_j, $j = 0, \ldots, n - 1$ do domínio onde é requerido o valor de $S(x)$ e, consequentemente, pode-se escolher pontos que permitam obter um valor mais preciso para a integral.

O método de quadratura de Gauss foi desenvolvido para integrais mais gerais, onde uma função peso $w(x)$ também pode ser considerada. Essa generalização inclui a possibilidade de se tratarem integrais de funções com singularidades. Neste trabalho não aparecem integrais com singularidades e se adotará $w(x) = 1$. Entretanto, para não fugir da descrição-padrão da literatura, o método será descrito para uma função peso $w(x)$. Segundo Johnson e Riess (1982), a função peso deve satisfazer as seguintes condições:

i) assumir valores positivos em $[a,b]$;

ii) ser contínua em $[a,b]$;

iii) $\displaystyle\int_a^b w(x)dx$ deve existir e ser maior que zero.

Considera-se então

$$I = \int_a^b w(x)S(x)dx \tag{A1.12}$$

A ideia central da quadratura de Gauss consiste em determinar pesos wi e abscissas xi, $i = 0,...,n-1$, $n \in \mathbb{Z}$ (utilizando polinômios de Gauss-Legendre que são tratados nesta seção) de modo que a aproximação

$$\int_a^b w(x)S(x)dx \cong \sum_{j=0}^{n-1} w_j S(x_j)$$ (A1.13)

seja exata se $S(x)$ for um polinômio de grau até $2n-1$. O segundo membro de (A1.13) é denominado de quadratura de Gauss e usualmente se escreve

$$Q(S) = \sum_{j=0}^{n-1} w_j S(x_j)$$ (A1.14)

Antes de se passar à descrição do método é necessário apresentar algumas definições e efetuar algumas considerações. Analogamente ao espaço vetorial $\mathbf{R}^n$ pode-se definir o produto escalar no espaço das funções contínuas. Dadas duas funções $f(x)$ e $g(x)$, seu produto escalar em $[a,b]$, com peso $w(x)$, é definido como $< f,g >= \int_a^b w(x)f(x)g(x)dx$. Se essa integral for nula, diz-se que as funções $f(x)$ e $g(x)$ são ortogonais entre si em $[a,b]$. Um conjunto de funções que são mutuamente ortogonais e individualmente normalizadas, ou seja, possuem módulo unitário, é denominado de base polinomial ortonormal. Uma família de polinômios $P = \{p_j, \ j = 0,1,2,...\}$ é dita ortonormal se $\left\langle p_i, p_j \right\rangle = \delta_{ij}$, $i,j = 0,1,...,n$.

Pode-se gerar diversas famílias de polinômios ortonormais, como as de Gauss-Legendre, Gauss-Chebyshev, Gauss-Laguerre, Gauss-Hermite e Gauss-Jacobi. Johnson e Riess (1982) demonstram que essas famílias constituem uma base do espaço de funções. Neste trabalho estudam-se apenas as soluções de Gauss-Legendre.

A base polinomial ortonormal de Gauss-Legendre é gerada por

$$\begin{aligned} w(x) &= 1 \qquad -1 < x < 1 \\ p_0 &= 1 \\ p_1 &= x \\ (j+1)p_{j+1} &= (2j+1)xp_j - jp_{j-1} \end{aligned}$$ (A1.16)

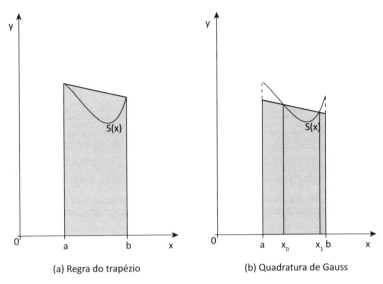

Figura A1.2 Comparação geométrica entre a regra do trapézio e a quadratura de Gauss.

Johnson e Riess (1982) provam também que as raízes do n-ésimo polinômio de Gauss-Legendre são as abscissas xi dos n pontos da fórmula da quadratura de Gauss. Esse resultado é conhecido como Teorema da Quadratura de Gauss.

Após determinado as n raízes de $p_n(x)$, calcula-se

$$w_j = \frac{2}{(1-x_j^2)[p_n'(x_j)]^2} \tag{A1.17}$$

Observa-se que o domínio de integração para os polinômios de Gauss-Legendre é $-1 \leq xd \leq 1$ e na integral (A1.12) é $a \leq x \leq b$. Então é necessário substituir nesta equação $x = [(b-a)/2]xd + (b+a)/2$.

Tabela A1.2 Pesos w e argumentos x utilizados nas fórmulas de Gauss-Legendre

Pontos (n)	Fator Peso	Argumentos da função	Erro de truncamento
2	$w_0 = 1{,}000000000$ $w_1 = 1{,}000000000$	$x_0 = -0{,}577350269$ $x_1 = 0{,}577350269$	$\cong S^{(4)}(\xi)$
3	$w_0 = 0{,}555555556$ $w_1 = 0{,}888888889$ $w_2 = 0{,}555555559$	$x_0 = -0{,}774596669$ $x_1 = 0{,}000000000$ $x_2 = 0{,}774596669$	$\cong S^{(6)}(\xi)$
4	$w_0 = 0{,}347854845$ $w_1 = 0{,}652145155$ $w_2 = 0{,}652145155$ $w_3 = 0{,}347854845$	$x_0 = -0{,}861136312$ $x_1 = -0{,}339981044$ $x_2 = 0{,}339981044$ $x_3 = 0{,}861136312$	$\cong S^{(8)}(\xi)$

160 — Otimização de projetos de engenharia

A Tabela A1.2 mostra, para vários valores de n, os fatores w e os argumentos x da quadratura de Gauss para os polinômios de Gauss-Legendre. Uma tabela para $n = 5,6$ pode ser encontrada em Chapra e Canale (1988).

A1.3 INTERPOLAÇÃO POLINOMIAL

A1.3.1 INTRODUÇÃO

Um problema comumente encontrado em trabalhos científicos é a aproximação de funções "de difícil trato", $f(x)$, por funções "de fácil trato", $p(x)$. Neste trabalho, essa aproximação em particular será utilizada para efetuarmos a integração da função $f(x)$ utilizando os métodos de quadratura de Gauss. Um modo usual de se aproximar uma função é o polinômio de Taylor de ordem k,

$$p_k(x) = f(a) + f'(a)(x-a) + \frac{f''(a)(x-a)^2}{2!} + \dots + \frac{f^{(k)}(a)(x-a)^k}{k!}$$

que aproxima $f(x)$ em torno de $x = a$. Se $f^{(k+1)}(x)$ for contínua, então o erro de aproximação é dado por $\dfrac{f^{(k+1)}(\xi)(x-a)^{k+1}}{(k+1)!}$, onde ξ é um ponto entre x e a. A implementação dessa aproximação pode trazer complicações analíticas quando, por exemplo, as derivadas da função $f(x)$ não existirem ou forem de difícil cálculo, ou quando os erros de truncamento forem consideráveis.

Um dos principais objetivos ao se analisar a aproximação de funções é obter procedimentos computacionais de fácil implementação. Nos trabalhos de Atkinson (1993), Chapra e Canale (1988) e Johnson e Riess (1982) os métodos mais discutidos são a interpolação polinomial, a aproximação de Fourrier e a interpolação com splines cúbicos. Neste trabalho trata-se apenas de interpolação usando funções spline.

Ao se executar uma aproximação é preciso estabelecer mecanismos para avaliá-la. Pode-se dizer que $p(x)$ é uma boa aproximação para $f(x)$ se a norma da função $f(x)$-$p(x)$ for pequena no intervalo $[a,b]$. As normas mais usuais são

$$\|f - p\|_1 = \int_a^b |f(x) - p(x)| w(x)dx, \tag{A1.18}$$

$$\|f - p\|_2 = \left(\int_a^b (f(x) - p(x))^2 w(x)dx \right)^{\frac{1}{2}} \text{ e} \tag{A1.19}$$

$$\|f - p\|_\infty = \max_{a \le x \le b} |f(x) - p(x)|. \tag{A1.20}$$

Neste contexto, considera-se que a função a ser aproximada, $f(x)$, é contínua no intervalo fechado $[a,b]$, ou seja, $f(x) \in C_1[a,b]$. A função $w(x)$ é denominada função peso. Como descrito na Seção A1.2.3, a função $w(x)$ deve satisfazer as seguintes condições:

Métodos numéricos   **161**

i) assumir valores positivos em $[a,b]$;

ii) ser contínua em $[a,b]$;

iii) $\int_{a}^{b} w(x)dx$ deve existir e ser maior que zero.

A1.3.2 INTERPOLAÇÃO COM FUNÇÕES SPLINE CÚBICOS

Definição A1.1:

Uma função $f(x)$ é interpolada nos pontos x_i, $i = 0,...,n - 1$, pela função $S(x)$, onde $f(x)$ e $S(x) \in C_1[a,b]$, se e somente se $S(x_i) = f(x_i)$, para $i = 0,...,n - 1$.

A interpolação de $f(x)$ por $S(x)$ é um processo que define uma função $S(x)$ que tem imagem comum com $f(x)$ nos pontos x_i, $i = 0,...,n - 1$.

Considere um conjunto de n pontos (x_i,y_i), $i = 0,...,n - 1$, onde $y_i = S(x_i)$. Visando simplificações, considera-se que

$$x_0 < x_1 < x_2 < ... < x_{n-2} < x_{n-1} \tag{A1.21}$$

$a = x_0$ e $b = x_{n-1}$. Deseja-se obter uma função $S_i(x) \in C_2[a,b]$, onde $\{x_{i-1} \le x \le x_i\}$ e $i = 1,...,n-1$, tal que

$$S(x_i) = y_i, \quad i = 0,...,n - 1 \tag{A1.22}$$

Para que $S(x) \in C_2[a,b]$ é necessário que $S'(x)$ e $S''(x)$ sejam contínuas em $[a,b]$.

Atkinson (1993) mostra que o problema de se determinar $S(x)$ pode ser colocado na forma:

S1. $S(x)$ é um polinômio de grau ≤ 3 em cada subintervalo $[x_{i-1}, x_i]$, $i=1,...,n - 1$;

S2. $S(x)$, $S'(x)$ e $S''(x)$ são contínuas para $a \le x \le b$;

S3. $S''(x_0) = S''(x_{n-1}) = 0$.

A solução deste problema, é a função $S(x) = \{S_i(x)$, onde $\{x_{i-1} \le x \le x_i\}$ e $i = 1,...,n-1\}$, sendo que $S_i(x)$ é dada pela expressão

$$\begin{aligned} S_i(x) = &\frac{(x_i - x)^3 M_{i-1} + (x - x_{i-1})^3 M_i}{6(x_i - x_{i-1})} + \frac{(x_i - x)y_{i-1} + (x - x_{i-1})y_i}{x_i - x_{i-1}} \\ &- \frac{1}{6}(x_i - x_{i-1})[(x_i - x)M_{i-1} + (x - x_{i-1})M_i] \end{aligned} \tag{A1.23}$$

onde M_i é

$$M_i = S''(x_i), \quad i = 0,...,n-1 \tag{A1.24}$$

Determina-se M_i por meio das equações

$$\frac{x_i - x_{i-1}}{6} M_{i-1} + \frac{x_{i+1} - x_{i-1}}{3} M_i + \frac{x_{i+1} - x_i}{6} M_{i+1} = \frac{y_{i+1} - y_i}{x_{i+1} - x_i} - \frac{y_i - y_{i-1}}{x_i - x_{i-1}}, \tag{A1.25}$$

onde $i = 1,...,n - 2$, e

$$M_0 = M_{n-1} = 0. \tag{A1.26}$$

O sistema linear (A1.25) é tridiagonal e simétrico, e pode ser resolvido facilmente. Existem algoritmos exclusivos para sistemas tridiagonais.

Se o espaçamento entre os pontos x_i, $i = 0,...,n - 1$ for constante igual a h, a matriz dos coeficientes de (A1.25) é definida positiva e constante para um dado n, como se observa nas Expressões (A1.27) e (A1.28).

$$M_{i-1} + 4M_i + M_{i+1} = \frac{6}{h^2}(y_{i+1} - 2y_i + y_{i-1}), \text{ onde } i = 1,...,n - 2 \tag{A1.27}$$

ou na forma matricial

$$\begin{bmatrix} 4 & 1 & 0 & \cdots & 0 & 0 & 0 \\ 1 & 4 & 1 & \cdots & 0 & 0 & 0 \\ 0 & 1 & 4 & \cdots & 0 & 0 & 0 \\ \vdots & \vdots & \vdots & \vdots & \vdots & \vdots & \vdots \\ 0 & 0 & 0 & \cdots & 4 & 1 & 0 \\ 0 & 0 & 0 & \cdots & 1 & 4 & 1 \\ 0 & 0 & 0 & \cdots & 0 & 1 & 4 \end{bmatrix} \begin{bmatrix} M_1 \\ M_2 \\ M_3 \\ \vdots \\ M_{n-4} \\ M_{n-3} \\ M_{n-2} \end{bmatrix} = \frac{6}{h^2} \begin{bmatrix} y_0 - 2y_1 + y_2 \\ y_1 - 2y_2 + y_3 \\ y_2 - 2y_3 + y_4 \\ \vdots \\ y_{n-5} - 2y_{n-4} + y_{n-3} \\ y_{n-4} - 2y_{n-3} + y_{n-2} \\ y_{n-3} - 2y_{n-2} + y_{n-1} \end{bmatrix} \tag{A1.28}$$

E a solução $S(x) = \{S_i(x), \text{ onde } \{x_{i-1} \leq x \leq x_i\} \text{ e } i = 1,...,n-1\}$ resulta em

$$S_i(x) = \frac{(x_i - x)^3 M_{i-1} + (x - x_{i-1})^3 M_i}{6h} + \frac{(x_i - x)y_{i-1} + (x - x_{i-1})y_i}{h},$$
$$-\frac{1}{6}h[(x_i - x)M_{i-1} + (x - x_{i-1})M_i] \tag{A1.29}$$

onde $i = 1,...,n - 2$.

Métodos numéricos **163**

A1.4 MÉTODOS DE SOLUÇÃO DE SISTEMA DE EQUAÇÕES DIFERENCIAIS ORDINÁRIAS DE PRIMEIRA E SEGUNDA ORDEM

A1.4.1 INTRODUÇÃO

Alguns problemas de Dinâmica Estrutural são regidos por sistemas de equações diferenciais ordinárias – ver Burnett (1987). Neste capítulo realiza-se uma breve revisão sobre sistemas de equações diferenciais ordinárias de primeira e segunda ordem e se apresentam métodos numéricos para resolvê-los. Nos sistemas de segunda ordem analisa-se apenas o caso de equações diferenciais lineares com coeficientes constantes, enquanto para os de primeira ordem são apresentados métodos mais gerais.

A1.4.2 MÉTODOS DE RUNGE-KUTTA DE QUARTA E QUINTA ORDEM

As equações diferenciais ordinárias de primeira ordem analisadas neste estudo são consideradas normais e, consequentemente, podem ser colocadas na forma

$$z'(x) = f(x, z(x)), \quad x \geq x_0 \tag{A1.30}$$

onde $z(x)$ é a função a ser determinada. $z(x_0)$ é denominado valor inicial de $z(x)$. A função dada $f(x, z((x))$ define a equação diferencial, que pode ser linear ou não. (A1.30) é denominada de primeira ordem porque contém a função incógnita com derivadas de primeira ordem. Um sistema de equações diferenciais ordinárias de primeira ordem pode ser definido como

$$\mathbf{z}'(x) = \mathbf{f}(x, \mathbf{z}(x)), \quad x \geq x_0 \tag{A1.31}$$

$\mathbf{z}(x)$ é um vetor n-dimensional, x a variável independente e $\mathbf{f}(x,(\mathbf{z}(x))$ uma função vetorial n-dimensional. Para que a Equação (A1.31) apresente uma única solução, o valor de $\mathbf{z}(x)$ deve ser conhecido em $x = x_0$ (PISKUNOV, 1979).

Atkinson (1993) mostra que uma equação de ordem maior que um pode ser reformulada e apresentada como um sistema de equações de primeira ordem. Então os métodos numéricos desta seção podem ser estendidos a esse novo sistema.

Considere $x \in [x_0, x_{m-1}]$. Esse intervalo pode ser dividido em $m - 1$ intervalos, na forma $[x_0,...,x_{k-1},x_k,x_{k+1},...,x_{m-1}]$, onde a distância entre dois pontos consecutivos é uma constante de valor igual a h. Nesse contexto, o método de Runge-Kutta de quarta ordem pode ser resumido pelas expressões

$$\mathbf{z}(x_{k+1}) = \mathbf{z}(x_k) + \frac{\mathbf{k}_1 + 2\mathbf{k}_2 + 2\mathbf{k}_3 + \mathbf{k}_4}{6} \tag{A1.32}$$

onde

$$\mathbf{k}_1 = h\,\mathbf{f}(\mathbf{z}(x_k),\,x_k),$$

$$\mathbf{k}_2 = h\,\mathbf{f}(\mathbf{z}(x_k)+0,5\mathbf{k}_1,\,x_k+0,5h),$$

$$\mathbf{k}_3 = h\,\mathbf{f}(\mathbf{z}(x_k)+0,5\mathbf{k}_2,\,x_k+0,5h)\;\text{e} \tag{A1.33}$$

$$\mathbf{k}_4 = h\,\mathbf{f}(\mathbf{z}(x_k)+\mathbf{k}_3,\,x_k+h).$$

O método de Runge-Kutta de quinta ordem pode ser descrito por

$$\mathbf{z}(x_{k+1}) = \mathbf{z}(x_k) + \frac{23\mathbf{k}_1 + 125\mathbf{k}_3 - 81\mathbf{k}_5 + 125\mathbf{k}_6}{192} \tag{A1.34}$$

sendo que

$$\mathbf{k}_1 = h\,\mathbf{f}(\mathbf{z}(x_k),\,x_k),$$

$$\mathbf{k}_2 = h\,\mathbf{f}(\mathbf{z}(x_k)+\frac{\mathbf{k}_1}{3},\,x_k+\frac{h}{3}),$$

$$\mathbf{k}_3 = h\,\mathbf{f}(\mathbf{z}(x_k)+\frac{6\mathbf{k}_2+4\mathbf{k}_1}{25},\,x_k+0,4h),$$

$$\mathbf{k}_4 = h\,\mathbf{f}(\mathbf{z}(x_k)+\frac{15\mathbf{k}_3-12\mathbf{k}_2+\mathbf{k}_1}{4},\,x_k+h), \tag{A1.35}$$

$$\mathbf{k}_5 = h\,\mathbf{f}(\mathbf{z}(x_k)+\frac{8\mathbf{k}_4-50\mathbf{k}_3+90\mathbf{k}_2+6\mathbf{k}_1}{81},\,x_k+\frac{2h}{3})\;\text{e}$$

$$\mathbf{k}_6 = h\,\mathbf{f}(\mathbf{z}(x_k)+\frac{8\mathbf{k}_4+10\mathbf{k}_3+36\mathbf{k}_2+6\mathbf{k}_1}{75},\,x_k+0,8h).$$

Observa-se que nas Equações (A1.32) à (A1.35) não há nenhuma exigência sobre linearidade de $\mathbf{f}(\mathbf{z}(x),x)$.

A1.4.3 MÉTODO DE NEWMARK

Pode-se definir um sistema de equações diferenciais ordinárias lineares de segunda ordem pela equação

$$\mathbf{D}\,\mathbf{z}''(x)+\mathbf{E}\,\mathbf{z}'(x)+\mathbf{F}\,\mathbf{z}(x)=\mathbf{g}(x) \tag{A1.36}$$

onde $\mathbf{D}$, $\mathbf{E}$ e $\mathbf{F}$ são matrizes quadradas que não dependem da variável independente x, enquanto $\mathbf{z}$ e $\mathbf{g}$ são matrizes colunas (vetores) funções de x. Em dinâmica estrutural a variável independente é o tempo e comumente representada pela letra t.

Métodos numéricos **165**

Uma solução do sistema de equações definido por (A1.36) é uma função $z(x)$ contínua com derivadas contínuas até segunda ordem que o satisfaça.

Para se obter uma única solução em (A1.36) é necessário que sejam dadas as condições iniciais

$$z(x_0) = z_0 \ \text{ e } \ z'(x_0) = z_0'. \tag{A1.37}$$

Genericamente o problema de se determinar $z(x)$, satisfazendo as condições iniciais, é denominado de problema de valor inicial.

Existem dois principais grupos de método numéricos para se resolver um problema de valor inicial regido por um sistema de equações diferenciais de segunda ordem: os métodos de integração direta e os métodos de superposição modal. No presente trabalho trata-se apenas do método de Newmark (método de integração direta), que é descrito a seguir.

Para seguir a descrição clássica da literatura, nas próximas expressões desta seção substituiremos a variável x pela variável t. As primeira e segunda derivadas de $z(t)$ em relação a t serão representadas respectivamente por $\dot{z}(t)$ e $\ddot{z}(t)$.

Em alguns problemas de dinâmica estrutural o problema definido por (A1.36) e (A1.37) aparece como descrito a seguir.

Equação do movimento:

$$\mathbf{M}\ddot{z}(t) + \mathbf{C}\dot{z}(t) + \mathbf{K}\,z(t) = \mathbf{f}(t) \tag{A1.38}$$

Domínio temporal:

$$t_0 \leq t \leq t_{m-1} \tag{A1.39}$$

Condições iniciais:

$$\dot{z}(t_0) = \dot{z}_0 \ \text{ e } \ z(t_0) = z_0 \tag{A1.40}$$

onde $\mathbf{M}$, $\mathbf{C}$ e $\mathbf{K}$ são, respectivamente, as matrizes de massa, de amortecimento viscoso e de rigidez, $\mathbf{f}(t)$ é o vetor força generalizado e $z(t)$ o vetor deslocamento.

A solução numérica para este problema requer que o intervalo $[t_0, t_{m-1}]$ seja dividido em $m-1$ intervalos $[t_0,...,t_{k-1},t_k,t_{k+1},...,t_{m-1}]$ para que o valor aproximado de $z(t)$ seja calculado nos pontos $[t = t_k, k = 0,..., m-1]$. Para simplificar, considera-se que a distância entre dois pontos adjacentes é constante igual a h. Ou seja, $h = t_{k+1} - t_k$, $k = 0,...,m-2$.

Segundo Kikuchi (1986), um dos métodos mais populares para resolver o problema definido pelas Equações (A1.38) a (A1.40) é o método de Newmark, que é baseado na aproximação

$$\dot{\mathbf{z}}_{k+1} = \dot{\mathbf{z}}_k + h\left[(1-\theta)\ddot{\mathbf{z}}_k + \theta\,\ddot{\mathbf{z}}_{k+1}\right] \qquad (A1.41)$$

$$\mathbf{z}_{k+1} = \mathbf{z}_k + h\dot{\mathbf{z}}_k + \frac{1}{2}h^2\ddot{\mathbf{z}}_k + \beta\,h^2(\ddot{\mathbf{z}}_{k+1} - \ddot{\mathbf{z}}_k) \qquad (A1.42)$$

onde $\mathbf{z}_k$ é o valor da função $\mathbf{z}(t)$ em $t = t_k$. Se os parâmetros θ e β são tomados respectivamente como 1/2 e 1/4, tem-se estabilidade incondicional (isto é, os erros numéricos não aumentam com o passar do tempo de execução) – Kikuchi (1986).

Para $k = 0$, é conhecido $\mathbf{z}_k$ e $\dot{\mathbf{z}}_k$, de (A1.38) obtem-se $\ddot{\mathbf{z}}_k$. Portanto, para determinar $\dot{\mathbf{z}}_{k+1}$ em (4.41) e $\mathbf{z}_{k+1}$ em (4.42), é necessário o cálculo de $\ddot{\mathbf{z}}_{k+1}$. Para obter esse vetor substitui-se (A1.41) e (A1.42) em (A1.38) para $t = t_{k+1}$, obtendo-se:

$$(\mathbf{M} + \theta\,h\mathbf{C} + \beta\,h^2\mathbf{K})\ddot{\mathbf{z}}_{k+1} = \mathbf{f}(t_{k+1}) - \mathbf{K}\mathbf{z}_k - (\mathbf{C} + h\mathbf{K})\dot{\mathbf{z}}_k$$
$$-[(1-\theta)h\mathbf{C} + (\frac{1}{2} - \beta)h^2\mathbf{K}]\ddot{\mathbf{z}}_k \qquad (A1.43)$$

Denominando-se

$$\mathbf{A} = \mathbf{M} + \theta\,h\mathbf{C} + \beta\,h^2\mathbf{K}\ \ \text{e}$$
$$\mathbf{b}(t_{k+1}) = \mathbf{f}(t_{k+1}) - \mathbf{K}\mathbf{z}_k - (\mathbf{C} + h\mathbf{K})\dot{\mathbf{z}}_k - [(1-\theta)h\mathbf{C} + (\frac{1}{2} - \beta)h^2\mathbf{K}]\ddot{\mathbf{z}}_k \qquad (A1.44)$$

Obtém-se

$$\mathbf{A}\ddot{\mathbf{z}}_{k+1} = \mathbf{b}(t_{k+1}) \qquad (A1.45)$$

Resolve-se (A1.45) obtendo-se $\ddot{\mathbf{z}}_{k+1}$, e substituindo em (A1.41) e (A1.42) obtêm-se, respectivamente, $\dot{\mathbf{z}}_{k+1}$ e $\mathbf{z}_{k+1}$.

Observa-se que $\mathbf{A}$ é constante para $t_0 \le t \le t_{m-1}$ e que em dinâmica estrutural $\mathbf{A}$ é também definida positiva. Posto isso, é comum utilizar-se decomposição de Choleski para resolver (A1.45).

Repetindo-se o processo acima para $k = 1,...,m - 1$ obtêm-se os valores de $\mathbf{z}_k$, $\dot{\mathbf{z}}_k$ e $\ddot{\mathbf{z}}_k$, tabelados nos pontos $t = t_k$, $k = 0,...,m - 1$.

A1.5 O SEGMENTO ÁUREO

Nesta seção se discute a solução numérica do problema de encontrar máximos ou mínimos de uma função escalar de uma só variável, sem restrições. De partida, essa função será considerada não linear, já que o caso linear em uma dimensão não tem máximos ou mínimos finitos.

Métodos numéricos

Um dos métodos numéricos mais utilizados para esse fim é o da busca utilizando o segmento áureo. A razão áurea foi primeiro definida por Euclides (cerca de 300 a.C.), na construção do pentagrama, e enunciada como: "uma linha reta é dita dividida em extrema e média razão quando a linha toda está para o maior segmento como esse último está para o menor". Sejam L_1 e L_2 o maior e o menor segmento, respectivamente. Fazendo

$$\phi = \frac{L_1}{L_2} \tag{A1.46}$$

tem-se, pelo enunciado de Euclides,

$$\phi = \frac{L_1 + L_2}{L_1}, \tag{A1.47}$$

resultando a equação de segundo grau

$$\phi^2 - \phi - 1 = 0, \tag{A1.48}$$

cuja raiz positiva é a chamada "razão áurea"

$$\phi = \frac{1 + \sqrt{5}}{2} = 1,618034... \tag{A1.49}$$

Esse valor, também conhecido como divino, aparece em um grande número de relações encontradas na natureza, nas ciências e nas artes. O leitor é convidado a fazer sua própria pesquisa sobre essa interessante recorrência.

O que se quer é determinar o mínimo de uma função unidimensional por um processo em etapas. Inicia-se definindo um intervalo x_L e x_U dentro do qual o mínimo é procurado. São necessários 2 pontos dentro desse intervalo para detectar a ocorrência de um mínimo, e eles serão escolhidos de acordo com a razão áurea,

$$x_1 = x_L + d \quad \text{e} \quad x_2 = x_U - d, \qquad d = (\phi - 1)(x_U - x_L) \tag{A1.50}$$

Calcula-se o valor da função nesses 2 pontos interiores. Dois resultados podem ocorrer.

1. Se $f(x_1) < f(x_2)$, então $f(x_1)$ é o mínimo desse intervalo, e o domínio à esquerda de x_2, de x_L a x_2, pode ser eliminado da busca porque não contém o mínimo. Neste caso, x_2 transforma-se no novo x_L para a próxima etapa.

2. Se $f(x_2) < f(x_1)$, então $f(x_2)$ é o mínimo desse intervalo, e o domínio à direita de x_1, de x_1 a x_U, pode ser eliminado da busca porque não contém o mínimo. Neste caso, x_1 transforma-se no novo x_U para a próxima etapa.

Como os valores de x_1 e x_2 foram escolhidos usando a razão áurea, não é necessário calcular todos os valores da função na próxima iteração. Por exemplo, se ocorrer a hipótese 1 acima, o antigo x_1 passa a ser o novo x_2, e, assim, o novo $f(x_2)$ não precisa ser calculado, pois é o mesmo que o antigo $f(x_1)$. Para completar o algoritmo, determina-se o novo x_1, aplicando a Equação (A1.50), baseando-se nos novos valores de x_L e x_U. No caso 2, o procedimento é análogo. Demonstra-se que, em cada iteração, o intervalo é reduzido por um percentual de cerca de 61,8%. Assim, por exemplo, depois de 10 iterações, o intervalo diminuiu de cerca de $0,618^{10}$, 0,8% de seu comprimento original.

Caso se deseje encontrar o máximo de uma função $f(x)$, em vez do mínimo, basta determinar o mínimo dessa função com sinal trocado, $F(x) = -f(x)$.

Segue-se um exemplo numérico: determinar o mínimo da função

$$f(x) = \frac{x^2}{10} - 2\,\mathrm{sen}\,x$$

no intervalo $x_L = 0$ a $x_U = 4$.

1ª iteração

$$d = 0,61803(4-0) = 2,4721$$

$$x_1 = 0 + 2,4721 = 2,4721 \qquad x_2 = 4 - 2,4721 = 1,5279$$

$$f(x_2) = -1,7647 \qquad f(x_1) = -0,63, \quad \therefore \quad f(x_2) < f(x_1)$$

O mínimo atual é $f(x_2) = -1,7647$.

2ª iteração

$$d = 0,61803(2,4721-0) = 1,5279$$

$$x_1 = 1,5279 \quad x_2 = 2,4721 - 1,5279 = 0,9443$$

$$f(x_2) = -1,5310, \quad \therefore \quad f(x_2) > f(x_1)$$

O mínimo atual ainda é $f(x_1) = -1,7647$.

Após 8 iterações, a localização do mínimo é aproximada por $x = 1,4427$, e o valor mínimo estimado da função é $-1,7755$.

A busca do mínimo utilizando a razão áurea pode ser uma rotina que se repete dentro de um algoritmo maior, como será visto na seção a seguir.

Métodos numéricos **169**

A1.6 ALGORITMO DE MINIMIZAÇÃO SEM RESTRIÇÕES

Considere o problema de minimizar a função continuamente diferenciável $f: R^n \to R$. O problema pode ser escrito na forma compacta

$$\min\left\{f(\mathbf{x}) \mid \mathbf{x} \in R^n\right\} \tag{A1.51}$$

Supõe-se que seja possível encontrar $x_0 \in R^n$ tal que o conjunto

$$C(\mathbf{x}_0) = \left\{\mathbf{x} \mid f(\mathbf{x}) \leq f(\mathbf{x}_0)\right\} \tag{A1.52}$$

seja limitado.

Os algoritmos que resolvem o problema definido por (A1.51) buscam pontos $x' \in R^n$ tal que $\nabla f(\mathbf{x}') = \mathbf{0}$. Diz-se então que $\mathbf{x}'$ é um ponto desejável.

Para uma direção $\mathbf{h}(\mathbf{x}_i)$ e um ponto $\mathbf{x}_i$ do espaço R^n, e $\mathbf{D}(\mathbf{x}_i)$ uma matriz nxn definida positiva cujos elementos são funções contínuas e diferenciáveis em $\mathbf{x}$, um algoritmo que minimiza $f(\mathbf{x})$ pode ser apresentado na forma:

Passo 0. Calcule $x_0 \in R^n$ tal que o conjunto definido em (A1.52) seja limitado.

Passo 1. Coloque $i = 0$.

Passo 2. Calcule a direção $\mathbf{h}(xi) = -\mathbf{D}(\mathbf{x}_i)\nabla f(\mathbf{x}_i)$. Se $\mathbf{h}(\mathbf{x}_i) = \mathbf{0}$, pare. Caso contrário, vá ao passo 3.

Passo 3. Calcule o escalar $\lambda(xi)$ como sendo o menor escalar não negativo satisfazendo

$$f(\mathbf{x}_i + \lambda\ (\mathbf{x}_i)\mathbf{h}(\mathbf{x}_i)) = \min\left\{f(\mathbf{x}_i + \lambda\ \mathbf{h}(\mathbf{x}_i)) \mid \lambda \geq 0\right\} \tag{A1.53}$$

Passo 4. Coloque $\mathbf{x}_{i+1} = \mathbf{x}_i + \lambda\ (\mathbf{x}_i)\mathbf{h}(\mathbf{x}_i)$, faça $i = i + 1$ e vá ao passo 2.

Um caso particular do algoritmo conceitual que será utilizado neste trabalho é o método dos gradientes, onde a matriz $\mathbf{D} = \mathbf{I}$ ($\mathbf{I}$ é a matriz identidade). Segundo Polak (1971), esse método gera uma classe de algoritmos com convergência de primeira ordem.

Para o para o cálculo de $\lambda(\mathbf{x}_i)$ no passo 3 do algoritmo acima, apresenta-se a regra de Armijo:

Define-se $\theta\ (\mu, \mathbf{x}) = [f(\mathbf{x} + \mu\ \mathbf{h}(\mathbf{x})) - f(\mathbf{x})] - \mu\alpha < \nabla f(\mathbf{x}), \mathbf{h}(\mathbf{x}) >$. Considere xi, $\alpha \in (0,1)$, $\beta \in (0,1)$, $\rho > 0$.

Passo 1. Coloque $\mu = \rho$.

Passo 2. Calcule $\theta(\mu, \mathbf{x}_i)$.

Passo 3. Se $\theta(\mu, \mathbf{x}_i) \leq 0$, coloque $\lambda(\mathbf{x}_i) = \mu$ e pare o processo. Caso contrário, coloque $\mu = \beta\mu$ e vá ao passo 2.

A1.7 MÉTODO DAS DIFERENÇAS FINITAS

Para calcular numericamente a derivada de uma função $f(x)$, recorda-se primeiramente a definição de derivada:

$$f'(x) = \lim_{h \to 0} \frac{f(x+h) - f(x)}{h} \tag{A1.54}$$

Com base nisso, justifica-se definir

$$f'(x) \overset{\lozenge}{=} \frac{f(x+h) - f(x)}{h} \equiv D_h f(x) \tag{A1.55}$$

para pequenos valores de h. $D_h f(x)$ é denominada derivada numérica de $f(x)$ com passo h.

De forma semelhante, para uma função $g(\mathbf{x})$, onde $\mathbf{x} = (x_0, x_1, ..., x_i, ..., x_{n-1})$ é um vetor n-dimensional, pode-se definir seu gradiente numérico por

$$\mathbf{h}(\mathbf{x}) \equiv \nabla g(\mathbf{x}) \overset{\lozenge}{=} [h_i(\mathbf{x})], \tag{A1.56}$$

onde

$$h_i(\mathbf{x}) = \frac{g(x_0, x_1, ..., x_i + h, ..., x_{n-1}) - g(x_0, x_1, ..., x_i, ..., x_{n-1})}{h}, \, i = 0, ..., n-1. \tag{A1.57}$$

Referências

ABNT – ASSOCIAÇÃO BRASILEIRA DE NORMAS TÉCNICAS. *NBR 6123*: Forças devidas ao vento em edificações. Rio de Janeiro, 1987.

ABNT – ASSOCIAÇÃO BRASILEIRA DE NORMAS TÉCNICAS. *NBR 6118*: Projeto de estruturas de concreto – Procedimento. Rio de Janeiro, 2003.

ABNT – ASSOCIAÇÃO BRASILEIRA DE NORMAS TÉCNICAS. *NBR 6118*: Projeto de estruturas de concreto – Procedimento. Rio de Janeiro, 2014.

ABNT – ASSOCIAÇÃO BRASILEIRA DE NORMAS TÉCNICAS. *NBR-8681*: Ações e segurança nas estruturas. Rio de Janeiro, 1984.

ABNT – ASSOCIAÇÃO BRASILEIRA DE NORMAS TÉCNICAS. *NBR-8800*: Projeto de estrutura de aço e de estrutura mista de aço e concreto de edifícios. Rio de Janeiro, 2008.

ABNT – ASSOCIAÇÃO BRASILEIRA DE NORMAS TÉCNICAS. *NBR 9062*: Projeto e execução de estruturas de concreto pré-moldado. Rio de Janeiro, 2006.

ARORA, J. S. *Introduction to optimal design.* New York: McGraw-Hill, 1989.

ARORA, J. S. *Optimization of structures subjected to dynamic loads, structural dynamic systems, computational techniques and optimization; optimization techniques.* [S.l.]: Gordon and Breach Science Publishers, 1999. p. 1-72.

ARORA, J. S. *Introduction to optimum design.* 3rd ed. Amsterdam: Academic Press, 2012.

ARORA, J. S.; CHAHANDE, A. I.; PAENG, J. K. Multiplier methods for engineering optimization. *International Journal for Numerical Methods In Engineering*, v. 32, p. 1485-1525, 1991.

ARORA, J. S.; HUANG, M. W.; HSIEH, C. C. Methods for optimization of nonlinear problems with discrete variables: a review. *Structural Optimization*, v. 90, pp. 69-85, 1994.

ATKINSON, K. *Elementary numerical analysis*. New York: Wiley, 1993.

BRASIL, R. M. L. R. F.; SILVA, M. A. RC large displacements: optimization applied to experimental results. *Computer and Structures*, v. 84, p. 1164-1171, 2006.

BRASIL, R. M. L. R. F.; SILVA, M. A. *Introdução à dinâmica das estruturas para a Engenharia Civil*. 2. ed. São Paulo: Blucher, 2015.

BRASIL, R. M. L. R. F. et al. On optimization and sensitivity for civil structures subjected to dynamic loading. In: *EUROPEAN CONFERENCE ON COMPUTATIONAL MECHANICS*, Cracow, Poland, 2001a.

BRASIL, R. M. L. R. F. et al. Sensitivity analysis of computer optimization of structures under dynamic loading. In: *ASIATIC CONFERENCE ON COMPUTATIONAL MECHANICS*, China, 2001b.

BURNETT D. S. *Finite element analysis*. Boston: Addison Wesley, 1987.

CHAHANDE, A. I.; ARORA, J. S. Optimization of large structures subjected to dynamic loads with the multiplier method. *International Journal for Numerical Methods in Engineering*, v. 37, p. 413-430, 1994.

CHAPRA, S. C.; CANALE, R. *Numerical methods for engineers*. USA: McGraw-Hill, 1998.

DROPPA, A.; DEBS, M. K. E. *Análise não linear de lajes pré-moldadas com armação treliçada*: comparação de valores teóricos com experimentais e simulações numéricas em painéis isolados. São Paulo: IBRACON, 1999.

FLETCHER, R. *Practical methods of optimization*. New York: Wiley, 1985.

FUSCO, P. B. *Estruturas de concreto*: solicitações normais. Rio de Janeiro: Guanabara Dois, 1981.

GALAMBOS, T. V. et al. Probability based load criteria: assessment of current design practice, Journal of Structural Division. *ASCE*, v. 108, n. 5, 1982.

GOLDENBERG, P.; PIMENTA, P. M. *Programação matemática aplicada à engenharia de estruturas, notas de aula*. São Paulo: Escola Politécnica da Universidade de São Paulo, 1994a.

GOLDENBERG, P.; PIMENTA, P. M. *Métodos numéricos aplicados à mecânica das estruturas I, notas de aula*. São Paulo: Escola Politécnica da Universidade de São Paulo, 1994b.

Referências **173**

GUARDA, M. C. C.; LIMA, J. S.; PINHEIRO, L. M. *Controle de deslocamentos excessivos segundo a revisão da NBR-6118*. São Paulo: IBRACON, 2001.

HATASHITA, L. S. Análise da confiabilidade de torres de transmissão de energia elétrica quando sujeitas a ventos forte via método analítico FORM. Dissertação (Mestrado) – PUC-PR, Curitiba, 2007.

HAUG, E. J.; ARORA, J. S. *Applied optimal design*. New York: Wiley-Interscience, 1979.

JOHNSON, L. W.; RIESS, R. D. *Numerical analysis*. USA: Addison Wesley, 1982.

KETTERMANN, A. C.; LORIGGIO, D. D. *Efeito do diagrama momento fletor x esforço normal x curvatura no estudo do estado limite último de instabilidade*. São Paulo: IBRACON, 2001.

KIKUCHI, N. *Finite element methods in mechanics*. Cambridge: Cambridge University Press, 1986.

KOCER, F.; ARORA, J. S. *Optimal design of nonlinear structures subjected to dynamic loads with application to transmission line structures*. Iowa: University of Iowa, Optimal Design Laboratory, 1999. Technical Report No. ODL-910.02.

LEITE, M. U. F. P.; MIRANDA, M. A. Programas HP 65 para avaliação de flexas em vigas fissuradas. In: *XVIII JORNADAS SUL-AMERICANAS DE ENGENHARIA ESTRUTURAL*, IBRACON, BA., dez. 1976.

NICHOLSON, J. C. *Design of wind turbine tower and foundation systems: optimization approach*. Master Dissertation – University of Iowa, Iowa, 2011.

NOGUEIRA, H. A. T. Avaliação da confiabilidade de pilares curtos em concreto armado projetados segundo a NBR-6118 (2003). Dissertação (Mestrado) – DEES UFMG, Belo Horizonte, 2006.

OLIVEIRA, R. S.; CORRÊA, M. R. S.; RAMALHO, M. A. Análise de pavimentos de concreto armado com a consideração da não linearidade física. In: *40º CONGRESSO BRASILEIRO DO CONCRETO*, IBRACON, Rio de Janeiro, ago. 1998.

OLIVEIRA, R. S. et al. Avaliação da deformação de lajes nervuradas considerando a não-linearidade física. In: *40º CONGRESSO BRASILEIRO DO CONCRETO*, IBRACON, Rio de Janeiro, ago. 1998.

PFEIL, W.; PFEIL, M. *Estruturas de aço*: dimensionamento prático. 7. ed. Rio de Janeiro: LTC, 2000.

PISKUNOV, N. *Cálculo diferencial e integral*. URSS: Mir Moscú, 1979.

POLAK, E. *Computational methods in optimization – a unified approach*. New York: Academic Press, 1971.

ROCHA, D. C.; SILVA, M. A.; BRASIL, R. M. L. R. F. Otimização de torres metálicas para suporte de geradores eólicos. In: *CILAMCE*, Brasília, 2016.

SANTOS, L. M. *Sub-rotinas básicas do dimensionamento de concreto armado*. São Paulo: Thot, 1994.

SILVA, M. A. *Aplicação do lagrangeano aumentado em otimização estrutural com restrições dinâmicas*. Dissertação (Mestrado) – Escola Politécnica da Universidade de São Paulo, São Paulo, 1997.

SILVA, M. A. *Sobre a otimização de estruturas submetidas a carregamentos dinâmicos*. Tese (Doutorado) – Escola Politécnica da Universidade de São Paulo, São Paulo, 2000.

SILVA, M. A.; ARORA, J.; BRASIL, R. M. L. R. F. Dynamic analysis of pre-cast RC telecommunication towers using a simplified model. In: *Design and Analysis of Materials and Engineering Structures*. Berlin: Elsevier, 2013. v. 32, p. 97-116.

SILVA, M. A.; BRASIL, R. M. L. R. F. Nonlinear dynamic analysis based on experimental data of RC telecommunication towers subjected to wind loading. *Mathematical Problems in Engineering*, 2006. Article ID 46815.

SILVA, M. A.; BRASIL, R. M. L. R. F. O cálculo simultâneo do equilíbrio e da confiabilidade de seções de concreto armado utilizando-se técnicas de otimização. In: *58CBC IBRACON*, Belo Horizonte, 2016.

SILVA, M. A. et al. Failure criterion for RC members under biaxial bending and axial load. *Journal of Structural Engineering*, v. 127, n. 8, 2001.

SUSSEKIND, J. C. *Curso de concreto*. Rio de Janeiro: Globo, 1979.

WIND BLATT. Advances in the Brazilian market. *Enercon Energy for World*, v. 01/2005.